量子计算机重构未来

[日] 寺部雅能　大关真之　著

张小猛　译

机 械 工 业 出 版 社

本书共 5 章。其中，第 1 章主要围绕量子计算机的发展情况进行了全面论述。第 2 章主要对量子计算机的基本原理、工作方式和其实际应用进行说明。第 3 章主要介绍在汽车行业及其他制造业中，量子计算机未来将引起怎样的变化，并根据实证实验的事例进行说明。第 4 章给出了细分领域的多家企业人士采访实录，从他们所处领域的角度出发，展望了量子计算机将怎样重构未来世界。第 5 章以"产研结合"的视角，展望了在量子计算机这样的新领域中将如何进行革新。

Original Japanese Language edition
RYOSHI COMPUTER GA KAERU MIRAI
by Masayoshi Terabe, Masayuki Ohzeki
Copyright © Masayoshi Terabe, Masayuki Ohzeki 2019
Published by Ohmsha, Ltd.
Chinese translation rights in simplified characters by arrangement with Ohmsha, Ltd.
through Japan UNI Agency, Inc., Tokyo

北京市版权局著作权合同登记　图字 01-2021-6224 号。

图书在版编目（CIP）数据

量子计算机重构未来/（日）寺部雅能，（日）大关真之著；张小猛译. —北京：机械工业出版社，2023.12
ISBN 978-7-111-73856-5

Ⅰ.①量… Ⅱ.①寺… ②大… ③张… Ⅲ.①量子计算机-研究 Ⅳ.①TP385

中国国家版本馆CIP数据核字（2023）第171142号

机械工业出版社（北京市百万庄大街22号　邮政编码100037）
策划编辑：任 鑫　　　　　　责任编辑：任 鑫 杨 琼
责任校对：肖 琳 王 延　　　封面设计：马精明
责任印制：郜 敏
三河市国英印务有限公司印刷
2024年1月第1版第1次印刷
148mm×210mm · 7.5印张 · 200千字
标准书号：ISBN 978-7-111-73856-5
定价：59.00元

电话服务　　　　　　　　　网络服务
客服电话：010-88361066　　机 工 官 网：www.cmpbook.com
　　　　　010-88379833　　机 工 官 博：weibo.com/cmp1952
　　　　　010-68326294　　金 书 网：www.golden-book.com
封底无防伪标均为盗版　机工教育服务网：www.cmpedu.com

站在 21 世纪，回看历史，展望未来

目前，计算机已经渗入人们生活的每一个角落，离开它人类几乎寸步难行，而且，在信息商业社会中，计算机的更新换代是非常快的，以致人们每隔几年就要为老旧的手机或者计算机而操心。

站在 21 世纪回看人类发展的历史，计算机的发明无疑是 20 世纪最为重要的事件之一，计算机的出现从根本上改变了人类社会。近年来，随着量子力学相关理论的发展，有关量子计算的话题也越来越多。量子计算和量子计算机一直以来都是量子相关的技术中最复杂、最晦涩难懂的课题，同时也是最引人注目的课题。在大数据热词榜上，量子计算机一词的热度也是逐年攀升。

大量的媒体指出，量子计算机和普通计算机的区别主要在于计算方式和计算速度的不同。普通计算机也叫作经典计算机，是基于二进制运算，其内部信息表示为 0 或 1 的二进制数。而量子计算机则利用量子比特进行计算，量子比特可以同时处于 0 和 1 的叠加态，这种特性使得量子计算机可以同时处理大量的信息，并且在某些问题上具有比普通计算机更快的计算速度。同时，量子计算机和普通计算机在硬件原理上也有着较大的区别。普通计算机基于集成电路，而量子计算机中硬件的各种元器件尺寸可以达到原子或分子的量级，例如超导量子计算机需要超导电路，离子阱量子计算机需要微米级别的电极和激光，光子量子计算机需要光学器件等。另外，量子计算机与普通计算机相比，在其他方面也存在很多差异，在本书中，作者巧妙地运用实际案例以使读者理解到其中奥义。

如果从源头量子力学的知识开始理解和学习量子计算机，会让很多初学者一下子面对大量的专业术语和知识，很大可能还没有开始就

无法继续学习了。本书抛开了大量的量子物理的相关前置概念，用最简单的例子去剖析高深的量子计算原理，用现实社会中已经存在且有待解决的问题去帮助非量子技术领域的人们理解和领悟量子计算的方式。

现在，量子计算逐渐成为一个商业的热门风口，大量的科技企业都在大力投入量子计算机或者量子计算机应用的研发。截至目前，很多大企业也都推出了自己的量子退火机或量子计算的原型机。

量子计算机相关的话题为什么会这么火热？量子计算机到底厉害在哪里呢？在各种媒体的报道中，有的说量子计算机的计算速度要比普通计算机快上亿倍；有的说人工智能的算力瓶颈需要量子计算去解决；还有的说一旦出现量子霸权，量子计算机将无所不能。

可是，量子计算机真的是这样的吗？为什么会有这些结论？如何正确地评价这些结论呢？站在 21 世纪，我们展望未来，量子计算机可能会怎样影响人类社会呢？

为了得到这些问题的答案，使人们能够更好地理解量子计算机，并理解在未来的社会中量子计算机可能会以怎样的方式影响世界和人们的生活，欢迎读者们仔细阅读本书，它将帮助你踏入一个崭新的量子计算机的世界。

由于时间仓促，加之译者水平所限，书中难免存在不妥之处，望广大读者批评指正。

译　者

近年来，"量子计算机"这个词在报纸、商业杂志、网络等媒体上出现的频率越来越高。量子计算机相关的介绍书籍也越来越多。然而，这些报道和书籍大多以专业知识介绍为主，甚至有的书籍还深入到了量子计算机某个子领域的内容，但很多人的疑问仍然是"量子计算机到底是什么东西，有什么用"。然而，这个问题并没有很好地得到解决。

实际上，关于量子计算机"有什么用，能够怎么用"，全世界还没有人能够完全说明白。现在研究所处的阶段，是全世界的研究者们预测能用在某些场景上，并在这些场景上进行进一步推进研究的阶段。不管是什么技术，一开始都和世界有隔阂。被誉为"AI（人工智能）"的机器学习，也是在图像识别这一易看易懂的成果出来后，才受到世人的广泛关注的。我们相信，类似这样接地气的应用一定会在不久的将来和量子计算机相遇。

本书以"让广大读者更贴近量子计算机"的想法为基础，以"量子计算机重构未来"为主题，由量子计算机领域学术研究专家大关真之老师和从企业的立场出发研究量子计算机应用场景的寺部雅能搭档执笔。

那么，为什么我们要从现在开始就关注量子计算机呢？我们认为，就像机器学习现在正在改变世界一样，量子计算机对社会的影响也一定会越来越大。如果现在开始就投入精力关注量子计算机，我相信，一定会提前理解各个行业的未来趋势。

我们来遐想一下，未来在量子计算机的帮助下，即使出门前不提前约出租车，出租车也会在最合适的时机，以最合适的路线前来接驾，并且在没有堵车的街道上轻快地前进。而且，一路上还能够让你看到你平时最喜欢的风景。一转眼就到目的地了⋯⋯

本书共分为 5 章。第 1 章主要介绍了围绕量子计算机的社会动向。第 2 章主要介绍了什么是量子计算机。第 3 章主要介绍了汽车行业及其他制造业的未来将如何变化，并根据实证实验的事例进行了说明。在第 4 章中，我们采访了细分领域的 12 家企业的高管，并从他们所处领域的角度出发，展望了量子计算机将怎样重构未来世界。被采访的各个企业高管都是已经预见到未来并致力于量子计算机应用的走在科技前沿的人士。在第 5 章中，以"产研结合"的视角，展望了在量子计算机这样的新领域中如何进行革新。

希望通过阅读本书，能够让读者更贴近量子计算机。我们现在正处在广泛讨论"人类的工作是否会被人工智能夺走"的时代，而继人工智能之后，下一次的变革很可能会发生在量子计算机上。我想读者的身边一定会发生很多的变化。让我们一起来见证即将重构的世界吧！

寺部雅能

2019 年 6 月

作者自我介绍

寺部雅能

大家好，我是寺部，从事量子计算机工作已有4年时间。在"量子计算机"这个词开始流行之前，关于它的研究工作是很辛苦的。单凭量子计算机的专家向量子计算的外行人介绍这个领域的知识，是非常困难的！正是因为经常有这样的感觉，所以我很想从企业的角度出发执笔撰写这本书。

我所在的工作单位是电装公司的尖端技术研究所。4年前，汽车和工厂生产面临着一系列来自互联网的冲击，也就是当时，我在探索能不能使用有趣的硬件技术进行新的工作。后来偶然的机会让我遇到了量子计算机，于是，我找到了大关研究室。我作为电装公司量子计算机事业部的应用研究的总负责人，致力于各种各样的实证实验。

从学生时代开始，我作为背包客和探险家，穷游了63个国家，其中主要是在发展中国家。一直以来我都对"给世界带来影响"的事业和社会课题的解决有着强烈的兴趣。

本书中，我以量子计算机将创建怎样的社会、创造怎样的新事业为视角，负责第1章和第3章，以及第4、5章中部分内容的撰写。

大关真之

大家好，我是大关，是日本东北大学研究生院信息科学研究科的副教授。最近，我们设立了和本书中探讨主题相关的研究开发中心——量子退火研究开发中心，致力于将量子计算机领域中一种称为"量子退火"的新技术落地。

我和寺部先生缘起于"企业和大学进行校企合作"，我们从相遇到互助，再到相互激励，一路携手前行。虽然我们来自不同的公司，但是我们都是为着同一个方向而努力。

我的梦想是在日本武道馆（武道馆也是日本"国技"——柔道的最高竞技场馆，可以认为这里是日本人的精神图腾）进行一次演讲。理解了量子计算机的原理、场景，以及量子计算机能够做到的事情和做不到的事情之后，我在想，如果能够让所有人都明白的话，世界会是怎样的呢？如果真的实现的话，那些抱有"因为不知道，所以与我无关"的想法的人会不会也开始关心量子计算机呢？

我每天都在持续开展有助于推广这种研究成果的活动。本书从研究人员的角度出发，在量子计算机的技术、应用、今后的展望这些方面进行了全面介绍，我撰写了第 2 章和第 4、5 章中的部分内容。

目　录

第 2 部分 量子计算机重构的未来

第 1 章

量子计算机是否已经来到眼前

大家好，终于到了人类掌握"量子计算机"的时候了。量子计算机长久以来一直都被认为是梦中才有的计算机。也就是在最近几年，各大企业都开始挑战使用量子计算机来开拓未来。让我们一起来看看这个社会的动向吧！

1.1 使用量子计算机解决社会问题

最近，报纸和网络媒体每月都会报道量子计算机的新话题。比如：

"量子计算机在产业中的应用迫在眉睫。"

"如果量子计算机开始广泛应用的话，那么至今为止的世界将会发生巨大的变化。"

"某某企业开始了某个关于量子计算机的实证实验。"

等等。

另外，从 2018 年左右开始，关于量子计算机的专题讨论会几乎每个月都会召开，到目前为止，相关的学者和专家们都在持续地热烈地进行讨论。

"量子计算机到底能做什么？"

"量子计算机在什么时候能够投入使用？"

那么，世人对量子计算机如此热情，究竟是为什么呢？

我认为，这是对解决迄今为止难以应对的诸多社会问题的强烈期待。

例如，当今世界，有一个很大的社会问题——包括衣服和家电在内的很多物品，每天都在被废弃中。而另一方面，被某些人废弃的物品，对其他人来说可能是有用处的，也就是说对其他人来说，需求是成立的，因此也存在着信息不对称的现实。实际上，废弃问题的重要原因之一是需求的不均衡。

这种需求的不均衡，是为了在个人或小集团等"局部"范围内选择最优的行动而发生的。实际上，如果将选择最优行动的范围扩大到更大的范围，就有可能解决问题。Mercari 公司所从事的对二手买卖的个人之间的服务本质上就是以"建立不需要的东西与想要的人的连接，减少废弃"为目标的。这其实就是在更大的人群内，对大范围的需求进行优化。在局部范围内的最优化所引发的问题，在我们身边也时有发生，这应该是很容易理解的。

同理，在交通运输中，开车的人们都抱有"自己早点到达目的地，越快越好"的想法，这对个人来说是"个人的最优行动"，结果却导致——每个人的"个人最优行动"发生了冲突。最后，在最优路上可能人满为患，从而导致交通堵塞。这损失的不仅仅是时间，同时也引起碳排放和噪声问题。

在电力方面，个人需求的最优行动是"自由自在地使用电力，想用多少就用多少"，这最终导致，为了在用电高峰期能够正常供电，用电设备必须满足高峰期的最高需求量，而过了高峰期，许多被准备的发电设备会出现超额供电的现象，造成巨大的浪费。以个人意愿为优先选择的社会，不仅离社会整体的最佳状态相差甚远，而且对个人来说也未必会有好的结果的事情发生。

2015 年，联合国通过了"SDG"（Sustainable Development Goals），即所谓的"可持续发展目标"，其目标是"结束贫困，保护地球，让所有人都能享受和平与富裕"，如图 1.1 所示。这已经成为全世界企业在 2030 年之前必须完成的重大使命。而现在在日本国内，这个使命也反映在很多企业的经营方针中。因此，以刚才的例子为首的社会问题将成为很多企业应该解决的课题。

前面提到的几个社会问题，都是由于只着眼于局部目的而缺乏对整体平衡的考虑而引起的，那么可能有读者朋友就会产生这样的疑问——如果不是局部，而是整体的最优化会怎样呢？例如，把不再需要的衣服和家电的人和想要的人结合起来，就有可能减少废弃。如果能分散街道上车辆的路线，就不会出现拥堵现象，大家都能更快地到达目的地。在整个城市分散电力使用，其结果，有可能会减少发电设备的投入。

实际上，我认为，量子计算机有可能通过优化社会整体，解决 SDG 提到的"极小范围内的诸多社会问题"。量子计算机所关注的并不是单纯地将个别产品的性能大幅提升之类的局部性的话题。本书的

第 3 章、第 4 章将重点展示量子计算机所描绘的未来世界。从更广泛的视角来理解这个问题——在量子计算机相关的未来世界，有很多事物都与 SDG 提到的社会问题有关。我想，这也正是量子计算机如今受到广泛关注的原因吧。

图 1.1　联合国通过的可持续发展目标（SDG）

> "量子计算机不仅能解决身边的问题，还能解决社会层面的重大课题。

1.2　量子计算机不是梦

在汽车系统供应商公司日本电装公司的研发部门中，采用了 D-Wave Systems 公司提供的量子计算机 2000Q 进行工作，这些量子计算机夜以继日地运行在云端。我们正在为"用量子计算机改变未来社会"的目标而工作，不断进行各种各样的实证实验。

也就是在四年前，我们还在战战兢兢地想着"量子计算机？这不是梦一般的存在吗？"。而现在，4 年一晃而过，我们今天正在确确实实地进行着改变世界的挑战。量子计算机改变未来，可能是 10 年以后的事，也可能是 5 年以后的事，甚至更短。

现在，我们主要在汽车和工厂的物联网（IOT）领域探索量子计算机的应用。如果这两个领域都能很好地与量子计算机结合给出解决方案，那么一定会出现与现在有着天壤之别的社会生活和生产的场景体系。要等明天向我们走来，不如让我们走向明天吧！4 年前，我们开始瞻前思后，最终决定着手量子计算机的研究。后来我们与本书的共同作者日本东北大学的大关老师（当时在京都大学就读）和早稻田大学的田中宗老师进行了三方共同研究。在两位老师的帮助下，现在已经从很多基础技术的研究逐步过渡到了构建应用技术部分的研究。我们的具体解决方案案例将在第 3 章中进行介绍，在此之前，我们先从世界上量子计算机的主要动向开始吧！

2018 年，欧盟发布了量子计算机的政策建议书 *THE IMPACT OF QUANTUM TECHNOLOGIES ON THE EU'S FUTURE POLICIES*《量子技术对欧盟未来政策的影响》，通过对 139 位各领域的专家进行访谈，收集了在未来 15 年很多不同领域中量子计算机的实际应用，其中包括数据库搜索、最优化、云计算系统安全提升、密码破译、机器学习、图像识别等领域。其中，期待值最高的最优化应用程序的完成目标是，撰写本书起"8 年以内"（见表 1.1）。8 年的时间如窗间过马，目标既迫在眉睫又让人满怀期待。期待，让你在遐想中，信心豪迈；期待，让你心中燃起高涨的火苗；期待，让你迈向前程的步伐变得轻盈。

参加量子计算机相关学会的人，至今仍有一半以上是物理学家和计算机相关研究人员。但是最近几年，企业应用程序研究人员急速增加。他们一致认为"量子计算机的世界绝对不仅仅只是梦想中的世界，而是马上就要来临的现实世界。为此，要开始采取具体的行动"，从现在开始行动，在行动中坚持！而且，不仅是对量子计算机先知先觉的人，还有很多像我这样之前完全与量子计算机没有交集的人也都参与其中。因此，我希望那些认为"那些看起来很困难的事情和我没有关系"的人，能够通过本书感受量子计算机带来的世界变化。那么，量子计算机为什么会如此具有现实性呢？接下来将阐述这一点。

表 1.1　量子计算机的具体应用场景落地时间预测

	回答者数量	多少年以内可以落地（中位数）
数据库检索	93	15
最优化	93	8
云计算安全提升	88	11.5
密码破译	91	15
机器学习	90	10
图像识别	89	10
其他	18	10

资料来源：欧盟的政策建议书中关于量子计算机可能性的意见资料

量子计算机正在从梦想照进现实。

1.3　突然开始销售的量子计算机

量子计算机，其实读者也可以买到。不过价格有点贵，十亿日元一台。

追溯到 8 年前的 2011 年（本书成书于 2019 年）。突然传出"加拿大的专利企业 D-Wave Systems 公司开始出售世界首台量子计算机的商用版"的消息，引起了量子计算机业界巨大的话题。一直以来被认为是科幻小说中的量子计算机，终于来到了现实世界。

当时，我有幸去到位于加拿大巴纳比的 D-Wave Systems 公司总部，与当时即将发布的 D-Wave 2000Q 进行了面对面的交流。图 1.2 就是当时的照片。虽然 D-Wave 的机器在日本也可以通过云访问使用，但是看到实物时依然给了我很大的冲击。为机器降温的冷冻机发出的声音很特别，让我感觉很陌生。超导工具（设置芯片的底座）等外观和结构都很奇特，也是我在以前的生活场景中没有遇到过的。D-Wave 在我眼前高速完成计算的情景给我留下了深刻的印象。

图 1.2　世界首台商用版量子计算机 D-Wave

（从左到右依次是作者寺部、加藤氏，D-Wave Systems 公司的 Mark Johnson、Bo Ewald，拍于加拿大 D-Wave Systems 公司总部）

自从 D-Wave Systems 公司开始商用销售的消息传出后，使用该公司量子计算机进行的应用研究也迅速展开。2013 年，谷歌公司和美国国家航空航天局（NASA）提出"人工智能的未来是量子人工智能"，并开设了量子 AI 实验室。2017 年，大众汽车利用北京的数据集进行了解决交通拥堵的演示。以这样的新闻为开端，在世界范围内，基于D-Wave 量子计算机的应用程序实战就开始了。

每月召开的量子计算机相关的论坛也如火如荼地展开，肉眼可见，此前与量子的世界完全不相关的公司和个人都参与进来，并认真进行未来可能性的讨论。

亲临演讲现场的人，有来自各个行业的从业人士，这些行业包括：巴士行业、建设业、制药行业、自治团体、IT 行业、咨询行业、投资行业，银行业等，不胜枚举。今后，这样的企业将陆续开始利用量子计算机进行实证实验。在大家身边的业界，或许也已经开始活用量子计算机了。

那么，接下来，我们就来看看世界顶尖计算机企业的动向，他们将量子计算机视为即将到来的现实。

· 量子计算机的顶级玩家

现在，在量子计算机应用领域处于领先地位的究竟是什么样的企业呢？ 2017 年，我在美国华盛顿郊外召开的 QUBITS2017 国际会议上，与刚刚购买 D-Wave Systems 公司机器的美国某安全公司负责人进行了对话，受到了很大的冲击。我问他"为什么买了这台机器？"，他们回答说："我甚至不知道该怎么操作，但我觉得量子计算机有无限的可能性，所以就买了。"

他们**投资的不是"确定性"，而是"可能性"**。而且还花费了十亿日元。这就是以世界首创为目标，创造市场的企业的立场。作为可能性还是未知数的黑匣子，敢于做第一个吃螃蟹的人，通过聚会收集话题，参加项目和世界顶级专家聚集在一起，先天下之先，结果开创了时代的先河。与之相反，一般的企业都是先考虑"可以用于何处""是否可以回收投资成本"这些问题之后，坐等其他公司进行市场开拓，发现"这个市场不错"时才介入。

先从量子计算机说起，在对可能进行大规模投资、开创时代的案例中，具有象征性意义的还是苹果公司的 iPhone。史蒂夫・乔布斯在推出第一代 iPhone 的时候，很多人并不看好，认为那样的产品卖不出去。然而，乔布斯没有受到噪声的干扰，在这样普遍不看好的大环境下，他也要相信未来，而为了推进更大的研发投入，他一定下了很大的苦功夫。

乔布斯说过："创新就是对 1000 个既有事物说不"。iPhone 不仅加入了现有手机所不具备的功能，还舍弃了之前使用过的功能。也就是说，为了开拓新时代，必须有勇气更弦改辙，颠覆以往的价值观，为可能性投资。

然而，越是优秀的企业，越会因为无法对新事业的可能性进行投资而走向灭亡，哈佛商学院的克莱顿・克里斯坦森（Clayton M. Christensen）教授在其著作《创新者的窘境》中对此进行了论述。优秀企业不可能投资于会侵蚀支撑销售额的主力业务（同类相食）且不确定性高的业务。如此一来，对于优秀企业来说，新事业的投资回报率在短期内是索然寡味的。

为了方便理解，我们来设想一下，在翻盖手机销售额达到顶峰时，我们在通过翻盖手机业务取得成功的事业部部长面前，说"翻盖手机市场即将灭亡，今后应该生产智能手机"，这样的企划方案能顺利通过吗？在智能手机还没有完成研发，也没有业绩的情况下，这不仅在公司内部很难被接受，而且即便是在投资家那边也是很难让人理解的。但是，从智能手机和翻盖手机的例子中可以清楚地看出，小规模起步的事业最终却成长为足以蚕食传统市场的事业。打败你的不是对手，颠覆你的不是同行，甩掉你的不是时代，而是你传统的思维和相对落后的观念。

> 量子计算机开始商用销售。比起确定性，企业更多的是着眼于更大的可能性。

那么，量子计算机将创造出什么样的市场呢？它会蚕食现有的市场吗？那么多人热衷的量子计算机到底是什么样的东西，又能做什么呢？从下一节开始，我们一起来思考这个问题。

1.4 量子计算机的厉害之处

经常会听到这样的声音："不管听多少次解释，都不知道量子计算机是什么。"在本书中，如果一上来就介绍量子计算机，可能会有很多人见势不妙，合上书本，掉头就跑，因此，我们决定先重点介绍量子计算机的厉害之处。

2017 年，大众汽车公司曾表示，"量子计算机有可能解决交通堵塞问题"。在此，以解决交通堵塞为例进行说明。

例如，假设有两辆车，它们分别有各自的目的地，汽车分别可以为驾驶员提供导航或两条备选路径（见图 1.3）。在这种情况下两辆汽车的可选路径总数为 $2 \times 2 = 4$，有 4 种可能性。

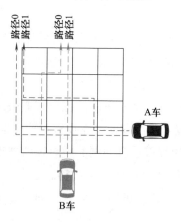

图 1.3　两辆汽车的候选路径

从中找出最不堵车的组合吧。在图 1.4 的例子中，左上角的情况是因为路径重叠而导致拥堵，而其他情况是因为路径不重叠而没有拥堵。

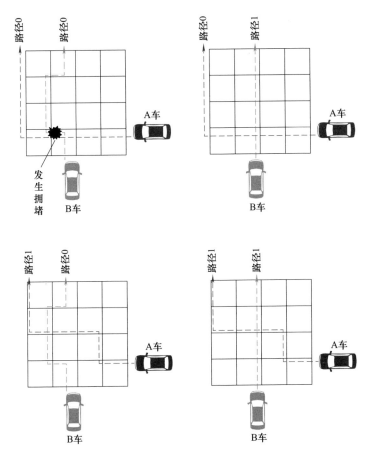

图 1.4　两辆汽车的路径组合

为了找到最优解，如果是传统的计算机进行计算的话，就会用很愚钝的方式把 4 种方法全部计算出来，然后决定最佳路径的组合。从数量众多的组合中求得最佳组合的问题，被称为"组合最优化问题"。组合最优化又称组合规划，是在给定有限集的所有具备某些特性的子集中，按某种目标找出一个最优子集的一类数学规划。

让大部分人想不到的是，量子计算机竟然可以一次性计算出"组合最优化问题"。在这个例子中，简单的计算从 4 次变成了 1 次，所以在单位处理时间相同的情况下，量子计算机比传统计算机快了4倍。

在这里，不要认为"只有4倍"。如果是10辆车的话，2的10次方有1024种组合，如果一次性求解出来的话，速度是传统计算机的1024倍。如果有30辆车的话，2的30次方的组合就会达到10亿种，量子计算机的速度就会比传统计算机快10亿倍。

为什么会有这种可能呢？在这里我们先说一个概念。作为一般的量子计算机的定义是"拥有强大的量子比特，通过量子比特，量子计算机可以一次性计算出所有可能性，并找到最优解"。需要读者注意的是，经典比特只能处在0或1的状态，就像是一枚硬币，不是正面朝上，就是反面朝上。而量子比特可以形成0和1的叠加态。对一个"经典比特"和一个"量子比特"，可以举一个更加形象的比喻：经典比特是"开关"，只有开和关两个状态（0和1），而量子比特是"旋钮"，就像收音机上调频的旋钮那样，有无穷多个状态。

在这里稍微深入说明一下，传统的计算机是以表示0或1的"位"为一个单位进行计算的。另一方面，量子计算机以能够同时表示0和1的"量子比特"为单位进行计算（见图1.5）。

传统计算机　　　　　　　　　　　量子计算机

比特　→　**0** 或者 **1**　　　　　量子比特　→　**1**

只能够持有0或者1其中一个信息　　　同时持有0和1两个信息＝叠加

图1.5　量子比特与传统计算机的比特（经典比特）

在"可以同时表示0和1"时，会让人摸不着头脑，但在这里，请以存在这样的东西为前提进行阅读。

如果说"能同时表示0和1"有什么好处，那就是在有多个比特的情况下，可以同时计算所有的组合。如图1.6所示，这是一个2位的例子。2位的情况有00、01、10、11 4种组合。因为传统的计算机只能得到 0 或 1，所以必须按顺序计算 4 种，才能得到最好的组合。得益于量子比特，量子计算机可以同时拥有 4 种组合，以往需要 4 次计算，现在竟然只需要 1 次就可以完成。

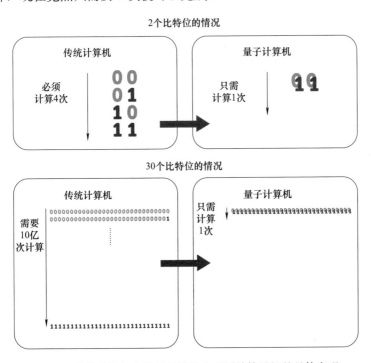

图 1.6　传统计算机和量子计算机在不同计算量级的具体实现

我在演讲等场合谈到这个话题时，经常会有技术爱好者问我："我想知道为什么 0 和 1 会同时存在"，这让我很困扰。我真的不知道。不，实际上，世界上没有人知道为什么 0 和 1 会同时存在。从实验结果来看，这种行为肯定是这样的，这应该可以用在计算机上，这是物理学家们通过积累至今的理论而得出的猜想。结果使得，今天像我这样的普通人都能使用的量子计算机就问世了。

一个"量子比特"具有无限大的信息容量，但只有令"收音机旋钮"指定一个特定位置时，才算在这个无限大的信息容量空间里，写入了确定的信息，才具有在无限多种可能情况中确定一种情况，排除其他无限多种情况的巨大信息量。如果不能在一个"量子比特"空间里确定地写入特定信息，则无法保真读取所写入的特定信息。那么，一个"量子比特"能够提供的信息量为零！关于量子计算机原理的深入探讨，将由专家兼共同作者大关先生在第 2 章中进行论述。

1.4.1　量子计算机的种类

量子计算机实际上很难制造，其中一个影响量子计算机量产的指标至今还无法增加——那就是能够实际使用的量子比特的数量。因此，多年来，量子计算机一直如梦幻泡影。事物的运动变化总是从量变开始，当量变达到一定界限时则引起质的变化。自从 2011 年 5 月以来，加拿大 D-Wave Systems 公司的量子计算机的商用版开始销售，整个行业的氛围一时间立竿见影，沧桑巨变，蓬勃发展。该公司开发的 D-Wave One 与过去所认为的被称为门模型量子计算机（Gate Model Quantum Computers）不同，是一种被称为退火量子计算机（Annealing Quantum Computers）的新型量子计算机（两者的比较见表 1.2）。

表 1.2　两种量子计算机的比较

	门模型量子计算机	退火量子计算机
用途	通用 （但是否会更快取决于算法）	优化专用
世界上最大的量子比特配置规模（截至 2019 年 3 月）	79 个量子比特 （lonQ）	2048 个量子比特 （D-Wave Systems）
硬件开发供应商	Google（谷歌公司）、IBM（国际商用机器公司）、Intel（英特尔公司）、Alibaba（阿里巴巴）等	D-Wave Systems 公司、Google（谷歌公司）、NEC 公司等

想象中的门模型量子计算机是"什么都能计算，速度超快，非常厉害的计算机"。从逻辑上来说，它可以进行传统计算机所能进行的所有计算。简而言之，人类将来可能会迎来传统计算机被量子计算机替

换的时代。另一方面，采用量子退火方式的量子计算机并非无所不能。能做的只有一件事，那就是"将某种东西进行最优化"。但是，我们也不要想着它"只有优化"功能那么简单。如下文所示，其在很多行业中都有最优化的应用。

D-Wave Systems 公司的想法是，"制造门模型量子计算机很难。那么，如果将其功能特殊化，是不是就容易制造了呢？"确实是这样的。基于这种考虑，他们生产出的量子退火方式的量子计算机，现在已经有 2048 个量子比特，而门模型量子计算机最高配置规模仍然只有 79 个量子比特。很多人都开始想，"是不是已经可以用量子计算机来做点什么了呢？"于是，期待量子计算机的社会气氛开始热烈起来。

1.4.2　对量子计算机的投资在加速

量子计算机在投资方面也掀起了巨大的热潮。这是因为支撑信息处理的半导体集成电路的发展已经快到达性能极限（见图 1.7）。

在半导体集成电路中，电路内的元件越精密，集成度就越高，运行速度也就越快。英特尔公司创始人戈登·摩尔提出了"每隔 18 个月，半导体的集成电路上可容纳晶体管的数量便会增加一倍"的经验法则，半导体的体积越来越小，性能也越来越强。摩尔在 1965 年的一篇文章中指出，芯片中的晶体管和电阻器的数量每年会翻番，原因是工程师可以不断缩小晶体管的体积。这就意味着，半导体的性能与容量将以指数级增长，并且这种增长趋势将继续延续下去。1975 年，摩尔又修正了摩尔定律，他认为，每隔 24 个月，晶体管的数量将翻番。目前比较普遍的说法是：每隔 18 个月，半导体的集成度将扩大到原来的 2 倍。但是，最近在精密化方面出现了局限性。

另一方面，随着大数据的普及和人工智能的发展，对数据处理性能的要求与日俱增。因此，量子计算机在"能否利用上述具有特殊性质的量子比特来实现数据处理性能的进一步提升"这一点上，也开始受到广泛关注。

世界上已经出现了很多大型国家项目。2018 年，美国批准了 5 年投入 12 亿美元（超过 1400 亿日元）的 "National Quantum Initiative" 计划。除了量子计算机之外，还将量子通信、量子传感等量子技术纳入视野。欧洲在 2018 年启动了 "Quantum Technologies Flagship" 计划，这是一个 10 年投入 10 亿欧元（超过 1300 亿日元）的大型项目，除了量子计算机之外，还有量子通信、量子传感、量子测量学等广泛的领域。中国投入了 100 亿美元（超过 1 万亿日元）的悬殊预算，致力于量子通信和量子计算机。而日本也在 2018 年启动了 "光·量子飞跃旗舰计划（QILEAP）"。量子计算机要在社会上被大规模使用的大前提包括两个方面：其一，是量子计算机的硬件本身；其二，量子计算机上还需要有满足硬件正常运行的软件。只有硬件、软件都具备了，才能实现使用量子计算机的应用程序。

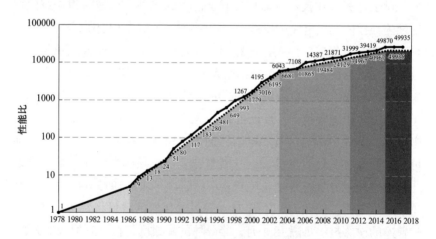

图 1.7　计算机的性能发展界限

1978—2018 年的微处理器的性能进化历程

（资料来源：A New Golden Age for Computer Archeitecture，John Hennessy，David A.Patterson）

如果没有量子计算机，用于量子计算机的软件和应用程序就只能是纸上谈兵了，因此，目前在量子计算机方面的投资主要用于硬件研究。但是近年来，随着硬件的发展逐渐成为现实，软件和应用程序的研究也开始增加。也就是说，我们的量子计算机的研究阶段已经进入了关注现实社会的阶段。

在这种趋势下，近年来越来越多的企业开始研究量子计算机的具体应用案例。其中，安装了很多量子比特的"量子退火方式的量子计算机"（由于长度较长，从这里开始我们把"量子退火方式的量子计算机"称为"量子退火机"），相关的实证实验的话题不断在各个企业中涌现出来。在利用量子退火机的企业合作方面，最近几年出现了多家日本企业，在世界上也引起了关注。为什么是日本而不是其他国家呢？这是因为量子退火技术实际上起源于日本。

量子退火原理是由 1998 年东京工业大学的西森秀稔教授和当时攻读博士课程的门胁正史先生发明的（见表 1.3）。从那以后，在西森研究室开启了量子退火的研究历程，结果，日本在量子退火方面培养出的优秀人才比其他国家的总和都多。不过如果考虑到实际应用的话，现在这个方面的人才还是非常稀缺的。

表 1.3　量子退火的发展大事记

年	大 事 记
1998	·东京工业大学发表关于量子退火的论文
2007	·D-Wave Systems 公司公开发表了将量子退火硬件化的项目——"猎户座项目"
2009	·谷歌公司基于"猎户座项目"的基础，进行了 2 值分类的实证实验
2011	·D-Wave Systems 公司开始发售世界上第一台量子计算机 D-Wave ONE ·洛克希德·马丁公司购买了量子计算机 D-Wave ONE
2013	·谷歌和 NASA、USRA 共同买入了 D-Wave TWO，并设置了量子计算人工智能实验室（Quantum Computing AI Laboratory）
2015	·洛斯阿拉莫斯国立大学购入 D-Wave 2X 量子计算机
2017	·美国的 Cybersecurity 公司（美国网络安全公司）购入 D-Wave 2000Q 量子计算机 ·橡树岭国立大学购入 D-Wave 2000Q 量子计算机
2019	·以东京工业大学、日本东北大学为中心，启动量子退火研究开发财团。日本电装公司、京瓷公司、NEC Solution Innovators 公司、ABEJA 公司为首的参加企业宣布共同使用下一代 D-Wave 量子计算机

早稻田大学的田中宗老师和本书的共同作者、日本东北大学的大关真之老师是量子退火应用领域的世界知名学者。由于他们致力于量子退火的启蒙活动，在日本国内，有关量子退火的信息比较容易获得，合作研究也比较容易开展。4 年前，日本的 Recruit Communication 公司和日本电装公司开始了量子退火的实证实验。现在这两家公司的实证实验结果也开始被社会各界推广。

现在，量子退火的信息很容易获取得到，应用案例也越来越多地出现在身边，共同研究的商谈也很容易进行，因此很多日本企业都纷至沓来。参与企业的不断增加，发展势头越来越猛，对于日本企业来说，这是一个走向世界的大好机会。

1.5 从世界各地开始的寻宝活动

大家听过"Winner takes all"这个说法吗？直译下来意思就是"胜者获得全部"。指的是在信息被互联网广泛传播的当今社会，在各行各业中，每个行业的第一名都将独占市场的现象。所谓的"量子计算机开始被商用销售"，很容易被误解，这里要对这个"开始商用销售"进行说明。这里的量子计算机"开始商用销售"，主要是指量子计算机硬件被用于研究开发的销售，而真正的量子计算机应用于商用并以此盈利的公司，据笔者所知，截至在这本书的撰写时间点（2019 年 3 月），世界上一家这样的公司也没有。正因为如此，以世界上首个量子计算机的商用应用为目标，以"Winner takes all"为目标，寻找量子计算机的第一个杀手级应用的激烈竞争正在展开。

D-Wave Systems 公司推出了世界上第一台商用量子退火机，我们以该公司的机器投入使用的企业为例，介绍一下有哪些企业在进行投资。第一个购买 D-Wave 机器的客户是美国航空航天公司洛克希德·马丁公司。他们的着眼点是将量子计算机应用在检测软件漏洞上。由于航空航天领域的软件直接关系到人命，因此对质量要求极高。

在以往的样品检测中，在软件中使用测试模式流（测试用例的排列组合）来验证是否有异常。但是，使用所有的测试模式流进行验证太过耗费时间，这是不现实的。因此，不得已只能从经验出发，在可能发生异常的地方限定测试模式的数量进行验证。但是，这种方法依靠的是经验，所以无法发现没有经历过的漏洞。因此，他们希望利用量子计算机对所有输入的组合进行验证，以保证最终的质量。有趣的是，洛克希德·马丁公司的技术人员过去需要几个月的测试时间才能发现漏洞的软件，提供给了 D-Wave Systems 公司，仅仅过了 6 周，就有人报告说发现了漏洞。洛克希德·马丁公司的人员觉得很震惊，认为用量子计算机进行测试这个方向值得一试，于是就决定购买 D-Wave 量子计算机。

第二大买家是谷歌公司。实际上，他们的合作意图并不明显。至于应用领域，谷歌公司只是说，他们希望将量子计算机运用于机器学习（人工智能的一个分支）领域。另外，谷歌公司也独自开发量子退火模式的硬件和量子门模式的硬件。

第三家公司是美国的 Cybersecurity 公司（美国网络安全公司）。他们的想法是，能否用量子退火机分析网络攻击模式。

即使不直接购买 D-Wave Systems 公司的量子计算机机器，也可以在云上使用，所以目前除了上述购买机器的企业之外，还有很多企业正在探索应用。

由 D-Wave Systems 公司主办的 QUBITS 会议作为探讨量子计算机应用领域最前沿的国际会议，每年举办两次，主要集中在美国。图 1.8 是近年来，关于量子计算机的应用程序提案数量的变化趋势。从图中可以看出，提案数量每年都在以惊人的速度增长。与此同时，参与的计划也越来越多。西森秀稔教授曾说过：“在这个领域，只要有一年的时间停止探索，就会变成化石。”量子计算机如破竹之势发展，在一年前无法想象的世界里，在下一年就很可能变为现实。

那么，什么样的应用程序可以在这台计算机上实现呢？提出的应

用领域涉及排程调度、异常分析、匹配分析、化学计算、人工智能等
多方面，见表1.4。

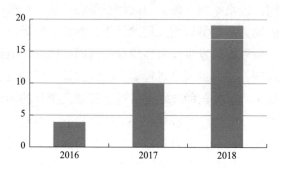

图 1.8 QUBITS 会议上的新增提案数量变化趋势

表 1.4 QUBITS 提出的应用案例

分　类	内　容	实施者（与企业合作的，只记载企业）
【排程调度】找出最好的计划	航空调度	NASA、DLR（German Aerospace Center）
	交通流优化	大众汽车、日本电装和丰田通商
	配送计划	大众汽车、日本电装和丰田通商
	多式联运服务	日本电装
	工厂机器人的路径规划	日本、BMW
	宇宙机器人路径规划	NASA
	灾害避难路径生成	日本东北大学
	通信网络设计的稳健性	NASA
	卫星数量优化	Booz Allen Hamilton
	投资战略最优化	野村资产管理、通用电气研究、汇丰银行
	铁路运行优化	FSI（Italian State Railways）
【异常分析】发现异常和原因	软件故障分析	NASA、Lockheed Martin、Airbus
	水的污染路径分析	Los Alamos National Laboratory
	安全	美国网络安全公司
	癌症检测	NextCODE Genomics

（续）

分　类	内　容	实施者（与企业合作的，只记载企业）
【匹配分析】 找出最好的一对	广告竞价优化	招聘通信公司
	区块链的挖掘效率化	招聘通信公司
	智能推荐住宿方案	招聘通信公司
	出租车调度	电装和丰田通商
	最佳医疗方案	SRI International
【化学计算】 寻找新结构， 减少实验	电池开发	大众汽车
	显示材料开发	OTI Lumionics
	蛋白质分析	Los Alamos National Laboratory、Peptone
	分子模拟	京瓷
【人工智能】 提高机器学习的性能	人类识别、文字识别等	NASA、Los Alamos National Laboratory
	变速器的校准	爱信 AW

在排程调度领域，除了通过实时优化航班、汽车、铁路、工厂机器人等的调度计划，提高运行效率外，还可以优化投资战略订单。

在异常分析领域，不但有人提出了在软件漏洞、水污染源、网络安全攻击的检测，还有人在癌症检测等领域找到至今难以突破的应用。

在匹配分析领域，人们会提出各种各样的建议，比如推荐住宿的建议、打车的建议、最佳医疗的建议等。

在化学计算领域，有人提出了电池、显示材料等新材料的开发。

最后，在人工智能领域，提出了以人脸识别、文字识别、传动控制为主题，提高机器学习性能的应用。

接下来，关于量子计算机领域最火爆的优化应用，我在这里会介绍两个案例。2017 年，大众汽车公司推出的"中国北京交通堵塞问题解决方案"成为一时炙手可热的话题。

通过分析北京过去 10357 辆出租车行驶的历史数据，大众汽车公司利用 D-Wave 机器解决了各自的出租车通过什么路径才能缓解拥堵的优化问题。

在图 1.9 中，左边是通往机场的道路上车辆密集的状态，右边是将密集的车辆分散，消除交通堵塞的状态。

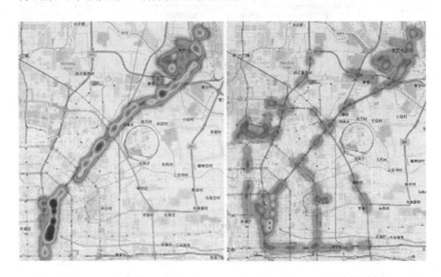

图 1.9　大众汽车公司验证的北京交通拥堵解除实验的模拟结果

（资料来源：Florian Neukert，Volkswagen"Traffic Flow Optimization Using a Quantum Annealer"Frontiers in ICT 2017）

这个实证实验大大提高了人们对量子计算机应用于交通系统的信心，大家对未来量子计算机解决交通堵塞充满了期待。交通系统的详细情况，我们将在本书 3.1 节中介绍。

此外，日本经济新闻还在头版报道了 2018 年日本电装公司和日本东北大学提高工厂无人搬运车（AGV）运转率的事情，当时这个话题也在日本国内掀起了轩然大波。

这个方案本质上是在工厂内解决交通堵塞的一个极具创造性的"发明"，通过在接近实际工厂的情况下，持续进行实时控制，最终实现无人搬运车运转率的提升。

因此，对于那些对"量子计算机到底能够用在什么领域"一直存在疑惑的人们来说，这是一个可以让他们切身感受到量子计算机实际应用领域的经典案例。

如图 1.10 所示，黑色的实线表示工厂无人搬运车（AGV）的路径，黑色实线上的四角形表示无人搬运车的实际位置。无人搬运车在移动搬运货物的过程中，如果在十字路口发生堵塞而停车的话，圆圈就会越来越大。

图 1.10 中，上方的图是优化之前的状态，上面有好几个很大的圆圈，这代表发生了很多的堵塞。下方的图是通过量子计算机优化后的状态，我们可以看到，用量子计算机优化后，圆圈变小了，堵塞变少了。关于工厂系统的详细情况，我们将在 3.2 节中介绍。

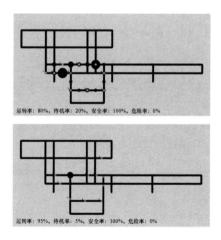

图 1.10　提高工厂无人搬运车的运转率

到目前为止，我们已经介绍了好几个围绕量子计算机的"世界大动向"的案例。事实上截至现在，世界各地已经有好多企业公布了可以直接用于商业化的应用。

接下来，大关老师将在第 2 章对量子计算机相关的技术进行深入讲解。

在第 3、4 章中，我将介绍各大企业对量子计算机的期待的访谈内容。我们采访了各行各业的不同从业人员，也学到了很多我们闻所未闻的知识，叹为观止。

我们介绍的可能不仅仅局限于量子计算机本身，还希望通过量子计算机，向读者介绍更多有趣的改造世界的知识。

本章小结

1）量子计算机的商用版已经局部开始销售，有望在 10 年内实现全面正式的商用。

2）量子计算机不仅能解决身边的问题，还具有解决社会层面重大问题的潜力。

3）近年来，以"实现世界首次商用应用"为目标，各行各业开始了量子计算机实证实验"竞赛"。

附录

"量子退火"诞生秘闻

门胁正史

1998 年，在东京工业大学研究生院就读时，与当时的指导老师西森秀稔教授共同发表了量子退火算法。毕业后有半导体制造商、风险投资企业、大学研究员、制药公司等工作经历，现在在株式会社电装尖端技术研究所从事量子退火的研究。

1998 年，在日本诞生了量子退火技术。而我们采访了"量子退火"之父——门胁先生（现就职于日本电装公司），我们来从中了解"量子退火技术"的诞生秘闻。

问：量子退火技术是怎么来的？

门胁先生：量子退火技术实际上是过去几个不同领域先行研究的组合（见图 1.11）。

我就读的东京工业大学西森研究室是从事统计力学这一物理学领域的研究室。其中，我的研究课题是"寻求具有随机相互作用的物理系统的最低能量状态"。根据能量最低原理，若干粒子在一起，能量最低的状态是最稳定的平衡态，基态原子是处于最低能量状态的原子。核外电子的排布也遵循这一规律。当时，我对纯粹用计算机解决物理问题非常感兴趣。最低能量状态对于理解物质的性质非常重要，为了求出最低能量状态，物理学家提出了模拟退火法。这是模拟热的行为，探索具有复杂能源结构的问题的解。另一方面，根据当时随机系统的统计力学，热波动引起的相变（水变成冰等物质状态变化的现象）与量子波动引起的相变非常相似。于是，我们决定"尝试利用量子波动进行模拟退火"，并与西森老师合作。结果表明，与热波动相比，量子波动搜索解的效率更高（见图 1.12）。

当时，对于量子退火在量子计算机中的地位，我并没有深入思考过，只是认为这是另一个研究领域。即使是现在，我也觉得它不像是计算机，更像是物理实验装置。当时，对于不擅长物理实验的我来说，研究量子计算机这件事本身就感觉很不可思议。

问：原来如此，您是一边打开眼界，一边探索而发现了量子退火的。2007 年，D-Wave Systems 公司公开了世界上第一台量子退火机 Orion System。之后的 2011 年，他们发布了号称世界首台商用量子计算机的 D-Wave One，世界为之震惊。您也参与了这个过程吗？

门胁先生：完全不知道（笑）。

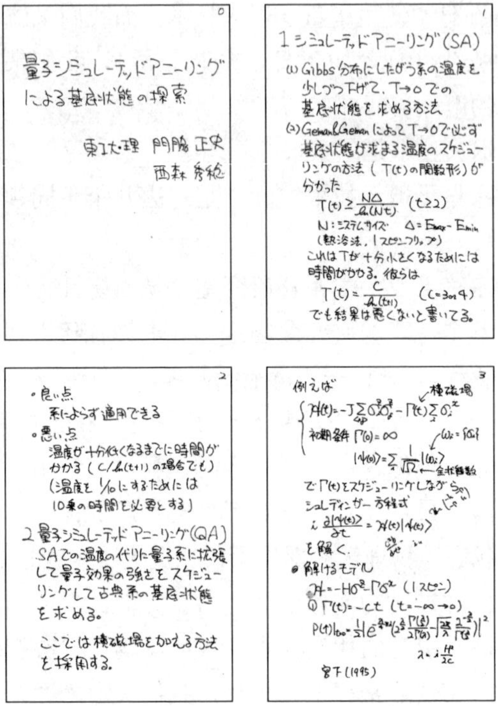

图 1.11　首次发表关于量子退火的资料

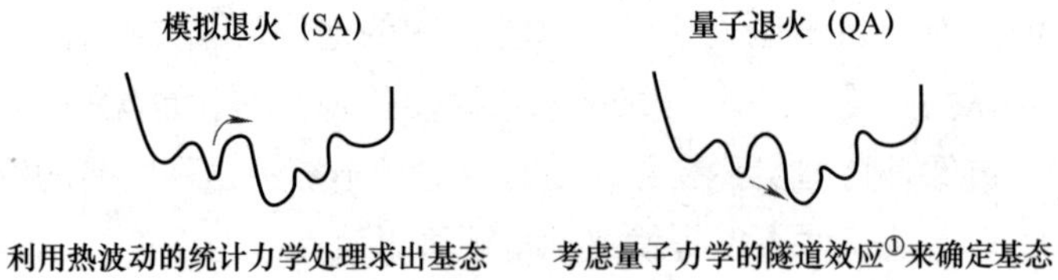

模拟退火（SA）　　　　　　　　　　量子退火（QA）

利用热波动的统计力学处理求出基态　　考虑量子力学的隧道效应[①]来确定基态

图 1.12　模拟退火与量子退火的区别

① 量子隧道效应（Quantum Tunnelling Effect）为一种量子特性，根据量子力学，微观粒子具有波的性质，有大于零的概率穿过势障壁。量子隧道效应是微观粒子能够穿过它们本来无法通过的"墙壁"的现象。

有一天，我的一个朋友突然给我发邮件说道："门胁你上新闻了。"2013 年，谷歌和 NASA 购买了 D-Wave Systems 公司的机器，建立了量子人工智能实验室。

问：事先是没有通知到您，对吧？您听了那个消息之后，当时是怎么样的反应呢？

门胁先生：我做梦也没想过用这个算法来制作硬件，所以很惊讶。因为已经离开"量子退火"20 年了，所以"率先被其他人商用化不甘心之类的心情"已经过去了（笑）。

我本人喜欢编程、电子电路工作等，另外 FPGA（可以像编程一样更改硬件电路构成的可编程硬件）的开发也有了经验，所以我当时很快就想试试这个新架构组成的计算机。我的另一个朋友看了新闻后，还劝我马上辞掉现在的工作，去研究量子计算机。当时我只是当他是开玩笑，但现在想想，他的建议是正确的（笑）。

问：在最新的科学研究领域，用最炙热的研究热情！您现在在日本电装公司再次从事量子退火的研究，那在这个研究里面您是以一个怎么样的姿态去参与其中的呢？

门胁先生：因为我们是第一个提出量子退火技术的团队，所以我们都对量子退火机充满热情。顺理成章地，我们想要更深入地理解量子退火技术。我希望这项技术能够在未来的 10 年、20 年甚至更长的时间里不断发光发热，同时，我也想参与其中，和大家一起以梦为马，携手前行。我再次回到研究岗位的契机，是在向西森老师咨询想转到量子产业时，他说基础还是很重要的，让我去做研究。仔细想想，大学老师可能很少会给我除了科学研究以外的建议，但我还是乖乖地听从了（笑）。

后来，因为暑假有了一段比较长的时间，为了打发时间，我重新开始了关于量子退火的研究。再到后来，在东京召开的关于"量子退火技术"的国际会议，我以个人的名义参加了，也去发表了演讲（见图 1.13）。然而，由于只是个人名义和爱好去参加，在时间和费用（计算机模拟的云端费用、学会论文投稿费用、报名费等）方面还是有很大的局限性。很庆幸，我在国际会议上，认识了日本电装公司的成员，他们后来邀请了我做业务研究，时隔 20 年，我终于又一次把量子退火作为工作进行了研究。

图 1.13 2018 年国际会议 AQC 中演讲的门胁先生

问：个人名义的研究成果，最终能够走上学会演讲的讲台，您真是太了不起了。那么门胁先生进行科研的立场是怎样的呢？

门胁先生：我觉得自己还是个门外汉，总是需要依赖别人。也许是因为我涉足了各种各样的领域，每天都能够学习到新的东西，这让我感到非常开心。如果一直处于人生的舒适区，对什么都习以为常了，反而有可能会不经意间地避开挑战，导致一系列的初学者障碍。也许正是因为我是外行，所以期待着不张扬虚荣，站在巨人们的肩膀之上，各种各样的知识融合在一起，会发生有趣的事情。

我非常感谢在我离开研究的 20 年里，所有对量子退火技术发展做出贡献的研究者们。希望今后能和在量子退火领域工作过的人以及新加入的人一起进行研究。每个人都那么与众不同，每个人都有自己独到的知识和技能，正所谓"三人行，必有我师焉"，所以大家在一起讨论，也一定会受益匪浅。我们不知道我们的研究是不是一定会成功，我们能够做的就是，尽每个人最大的努力，去接受一次又一次的挑战。

总结：

通过这次采访，我们也许能够大致明白了——为什么门胁先生能够发明量子退火技术的理论基础，成为量子退火之父。目前量子退火技术的应用才刚刚起步。正如门胁先生所说的"永远以外行的身份，认为自己所知甚少；永远以挑战的姿态，坚持全情投入"，也许正是门胁先生这样的精神传承，让人类一步一步地打开了"量子退火技术"的大门，开创了量子计算机的未来。

量子计算机难吗

接下来，第 2 章我们将由大关来介绍量子计算机到底是什么，这是最难明白的部分了，很烧脑哦！

"量子计算机和普通的计算机是不是很不一样呢？"

"量子计算机听起来很厉害，到底是怎么一回事呢？"

这两个问题应该是关于量子计算机问得最多的问题了！最近，量子计算机越来越受到大家的关注，为了让大家感受一下它未来的可能性，请读者朋友们给我一点时间，让我来为你们——解答！

2.1　对量子计算机的期待

"量子计算机"究竟是什么呢？是最新一代计算机的名字吗？如果是新计算机，每当新计算机上市，去买一次就会发现功能上的差异，这个量子计算机是真的进化方式吗？在大家不经意之间，不断推出新的功能是计算机厂商一贯的研发思路。也就是在这样一次又一次的"不经意之间"，在不知不觉中，新事物诞生的时代已经悄然而至。

2.1.1　量子计算机的计算速度快吗

我们说一个计算机很快时，一般来说，有两个意思，即一是计算机本身运算速度的快慢，另一个是为了计算出一个结果，计算机内部需要进行精细计算的次数。第二个因素，日语称为"手际"。简单而言，"手际"是指在得出一个答案之前，由计算机内部进行的精细计算数量决定的速度。计算机的计算速度公式如图 2.1 所示。

（计算机的计算速度）=（一次计算的速度）×（手际）

图 2.1　计算机的计算速度公式

我们来举个例子，让只知道加法和减法的小学生计算 8 个 2 相加，也就是 2 × 8。那么，那个小学生就开始思考该怎么做，一边写笔记，一边进行计算。这相当于计算机本身的速度。如果要执行计算的话，首先是 2 + 2，然后是"+ 2"，接着还是"+ 2"，准备好最初的 2，执行连续 7 次加 2 的计算。这个"麻烦"的计算要进行 8 次。这就是我们说的"手际"，它是计算次数决定速度的部分。

那么，在此基础上引入乘法、除法等新型计算方法会如何呢？如果是乘法，2 × 8 的计算一次就可以完成。准确地说，人类只是"记住"计算结果，而计算机则是指令集，只要掌握新的计算方法，就能轻松完成计算。不管怎样，只要掌握了新的计算方法，计算的工作量就会大大减少。因为那个计算本身是新的计算方法，所以进行计算的计算机本身的速度可能会稍微变慢。但是，如果再加上技巧的话，综合起来就有可能变快。这样一来，每一次计算的速度和计算的次数，就关系到计算机的综合速度。

实际上，在计算机中，不仅有乘法和除法，还有各种各样的指令集，能够有效地执行各种复杂的工作，通过熟练地完成工作，提高计算机本身的速度。例如，也有绘图用的指令集、进行表格计算用的方便指令集等。

我们知道，计算机的计算时间是由计算机的运行速度和计算的工作量决定的。那么，在思考如何制造下一个时代的计算机时，如何缩短计算机的计算时间呢？

注意到大致有两种方法：一是加快计算机的运行速度；二是减少计算和操作的烦琐程度。

迄今为止，计算机的每一次推陈出新，都离不开这两个方向。从第一台计算机诞生到现在，其实还没有经历太长的时间。20世纪是计算机的时代。经过诞生、进化、实用化，如今，所有人都在使用计算机。为了满足社会的需求，在各种各样的用途的基础上，速度也能满足各种各样的需求，所以不管哪个方向都适用。

那么，量子计算机会朝着上述两个方向的哪个方向进化呢？

恐怕很多读者想象中的答案会是——"因为量子计算机本身是新生事物，所以量子计算机本身的计算速度应该会是很快的吧！"也许这样的想法会相当普遍。

然而实际上，量子计算机的特点是"减少计算和操作的烦琐程度"。也就是说，量子计算机是那种"因为计算过程简化而速度快的计算机"。

量子计算机为什么能做到这一点呢？

关键在于量子计算机头顶上的"量子"这个帽子。在这个方向上实现进化的量子计算机被称为门模型量子计算机。很多书籍中所说的量子计算机，指的就是这种"门模型量子计算机"。这里所说的门模型指的是计算的基础部分，通过反复操作这些门来执行复杂的计算。这是用至今为止的计算机中，指令集中最基础的部分。我们可以把几个门操作的集合看作是命令集。

因为与以往的计算机不同，所以能做的事情也不同。上述的门模型量子计算机的计算方法比较省力，部分特殊的方法可以很好地完成计算。

打个不太恰当的比方，就像只知道加法、减法的人，现在也会乘法、除法了，计算起来得心应手。

但是，这种巧妙的操作方法，对于有的计算是有用的，对于有的却没什么用。因此，如果问题本身不能很好地利用量子计算机的计算能力，就无法发挥其效果。量子计算机的使用情况得当也是很重要的。

那么，通过上面内容的学习，读者是不是可以分辨出一些常见的媒体报道的一些用语是否正确了呢？

比如我们经常见到媒体上说，"量子计算机比传统计算机快 1 亿倍""量子计算机比传统计算机快 1 万亿倍"等说法。这些说法现在看来都不是非常严谨。实际上，把量子计算机当作"爆速计算机"的说法并不正确！

> 人们期待的不是"量子计算机速度快"，而是通过不同以往的操作方式，提高工作效率。

2.1.2 为什么现在要发展量子计算机

到目前为止，我一直在使用计算机，随着时代的进步，转移计算机资料，安装新的计算机应用软件也越来越方便，计算机的发展正在有条不紊地进行。

随着智能手机和掌上计算机的出现，给我们的日常生活带来了很大的帮助。也许你总觉得未来会这样顺利地展开。

事实上，我渐渐明白这个想法是经不起考验的。计算机的发展已经开始出现极限。

这被称为"摩尔定律的终结"（摩尔在 1965 年的文章中指出，芯片中的晶体管的数量每年会翻番，原因是工程师可以不断缩小晶体管的体积。这就意味着，半导体的性能与容量将以指数级增长，并且这种增长趋势将继续延续下去。1975 年，摩尔又修正了摩尔定律，他认为，每隔 24 个月，晶体管的数量将翻番。目前比较普遍的说法是：每隔 18 个月，半导体的集成度将扩大到原来的 2 倍）。简单地说，根据摩尔定律，半导体的集成密度的增长是有规律的。半导体是计算机运行所必需的构成要素，是制造能够以低功率高速进行运行的部件，半导体根据是否需要电流流通，可以分为"需电流流通"的半导体或"不需电流流通"的半导体。随着半导体集成度的提高，意味着在一个芯片上放置更多的零件，可以准备进行更加复杂动作的指令集，也可以增加同时进行多种计算处理的计算容量。

可以说，摩尔定律勾画的曲线就是人类的成长曲线。如果能够顺利发展下去，下一代计算机的运行速度，应该可以如期而至。可是，这里的"如期而至"已经是过去式，是因为它已经接近终结。遵循摩尔定律的某种期待感正在终结之中。

其原因是，随着科学技术的发展，集成电路的小型化已经发展到了极限。如果把物质细分的话，就会发现原子和分子等物质的根源单位。当然还有无法进一步细化的基本粒子的存在，但人类已经开始触及其极限。

在如此微小到不能再小的世界里，要自由自在地控制电进行正常的运作实际上是非常困难的，这是阻碍计算机发展的主要原因。

我们举个例子，由于集成电路越来越精细，导致电流不能够顺利地在电路里面流动，"电流泄漏"的现象明显，由于电力消耗量的增加和错误操作的出现等原因会产生很多与此相关的棘手问题。

在很长的一段时间里，研究人员以为这只是集成电路加工不当所导致的，但后来研究逐渐明朗，他们发现这是在微观世界中理所当然发生的现象。在这个微小的电子世界里，似乎存在着与我们常识不同的规则。实际上，这就是量子计算机头顶上这个量子所处的世界——量子力学所掌管的世界。

为了应对这种计算机小型化的局限性，近年来，负责计算机中计算的 CPU（Central Processing Unit，中央处理单元，中央处理单元作为计算机系统的运算和控制核心，是信息处理、程序运行的最终执行单元。中央处理单元自产生以来，在逻辑结构、运行效率以及功能外延上取得了巨大发展）的核数逐年增加，也准备了多个处理系统，通过并行处理来提高计算速度。

在这个变化背后，没有提升计算机单核本身的处理速度，也没有减少计算机的计算工作量，而是基于增加计算机中央处理单元数量（增加中央处理单元数量，就意味着增加了计算机的个数）所进行的第三种发展方向。

人们在面对计算机局限性开始逐渐显现时，最通常的想法是准备一种限定于特殊用途的计算设备。

例如，专门用于图像处理的计算设备 GPU（Graphics Processing Unit，图形处理单元），又称显示核心、视觉处理器、显示芯片，是一种专门在个人计算机、工作站、游戏机和一些移动设备（如平板电脑、智能手机等）上做图像和图形相关运算工作的微处理器。顾名思义，其是为了在显示器上显示图像时，与中央处理单元分离进行必要的运算，减轻中央处理单元的负担而出现的。

再比如，GPGPU（General-purpose Computing on Graphics Processing Units，通用图形处理器）是一种利用处理图形任务的图形处理器来计算原本由中央处理器处理的通用计算任务。这些通用计算常常与图形处理没有任何关系。由于现代图形处理器强大的并行处理能力和可编程流水线，因此流处理器可以处理非图形数据。近年来，通用图形处理器也被广泛采用。

此外，FPGA（Field Programmable Gate Array，现场可编程门阵列）也是用于进行限定用途的计算的一种装置。它是在 PAL（可编程阵列逻辑）、GAL（通用阵列逻辑）等可编程器件的基础上进一步发展的产物。它是作为专用集成电路（ASIC）领域中的一种半定制电路而出现的，既解决了定制电路的不足，又克服了原有可编程器件门电路数有限的缺点。通过对用户期望的动作进行特殊化，可以实现既省电又高速的计算处理。

就这样，为了突破已经达到极限的性能，即使是在特殊用途上，经过精心设计的计算设备也开始被灵活运用。因此，我们摸索出了跨越眼前障碍的第三种进化方向。

在这样的时代背景下，量子计算机受到了越来越多的关注，它不是单纯为了提高计算机本身的运行速度，其目标是"借助新的操作方式来降低计算的烦琐程度。"

> 为了应对"计算机速度发展的极限"，人们期望通过专用化、新模式去突破极限。在这一潮流中，我们最期待的新物种就是——量子计算机。

2.1.3 量子计算机的工作原理

前面说了那么多，可能有读者会问——采用新操作方法的量子计算机究竟是怎样工作的呢？接下来我们来探讨这个问题。

量子计算机利用了量子力学基本原理之一的量子叠加原理。量子叠加，是指一个量子系统可以处在不同量子态的叠加态上。

著名的"薛定谔的猫"理论曾经形象地表述为"一只猫可以既是活的又是死的"，量子叠加原理，将以往计算机所使用的比特概念扩展成量子比特。

市面上有很多量子计算机的书出自物理学家之手，一旦涉及量子叠加方面的知识，很多读者都很难看明白，于是看不下去就想把书丢在一边（我至少听寺部先生这么说过），所以在这里为了防止大家看到一半把书给丢了，我决定更努力地把这个部分的内容写得更加简单明了。

首先，利用叠加原理，量子计算机能做什么呢？迄今为止的计算机都是利用 0 和 1 这一具有明显区别的比特概念进行计算的。

如果有类似下面的疑问：

比如——"用 0 和 1 计算是怎么回事？"

或者比如——"我想处理 2 或 3 这样的更大的数字该怎么办呢？"

那你就张开手掌用手指数数字吧！

我们用手指弯曲和手指伸直来表示各种各样的数字。诸如此类，0和 1 怎么表示呢？弯曲手指就是 1，伸出手指就是 0（见图 2.2）。在传统计算机的世界里，都是用 0 和 1 的组合来表示数字的。通过 0 和 1 比特位的移动，数字的加法和减法也可以按照某种特定的规则进行运算。可以说，在传统计算机中，所有的运算都是遵循计算机指令集的计算。计算机可以检测并处理集成电路中发生的状态变化，比如 0 和 1 是否通电等。

图 2.2　把量子比特比作手指

与传统计算机的比特概念相对，量子比特是在以 0 和 1 为顶点的布洛赫球的概念上考虑的。伸出手指是 0，弯曲手指是 1。其中，手指的角度、方向相关的信息如果加以使用就是量子比特。我们马上就会发现，同样负责 0 和 1 的比特，量子比特的表现力非常丰富。量子比特的优势在于能够采取中间状态，这也是量子计算机能够引入新的操作方式的原因。

手指的角度和方向在专业术语中被称为"相位"。在以往的传统计算机中，如果准备两根手指，一般是用加法的计算规则。如果是 0 和 0 相加结果为 0，如果是 0 和 1 相加结果为 1，计算过程仅仅考虑手指是否弯曲两种状态。但是量子比特涉及手指的角度和方向，所以可以考虑更复杂的计算规则。因此，只是去思考怎么设置计算规则就已经非常困难了。不过这也是没办法的事情。

很难想象，在人类接触数字的时候，加法和减法已经普及到很多人的生活中。同样地，量子比特的想法出现后，要想广泛地理解其概念也需要一定的时间。同时，反过来说，今后肩负时代重任的"后浪"们，也许会更加自然而然地掌握。

> 随着量子计算机时代到来的脚步越来越近，操作量子比特的感觉将越来越习以为常！

2.1.4 量子计算机的计算方式

当你弯曲或伸直手指时，你就可以想象和描述计算机上的数字（见图 2.3）。在量子计算机中进行的计算，只是手的旋转、扭曲，手指的弯曲方向更加丰富多彩而已。如果想用手指活动来演示量子计算机的计算方式的话，可能需要整个身体滚动。

接下来，我们来想象一下，如果量子比特有一个状态是——手指弯曲到一半的状态，又会得出什么样的结论呢？这个状态就像是 0 和 1 各占一半的状态。这就是我们经常在有关量子力学的书中听到的量子叠加状态或者量子态叠加。

这有点让人浮想联翩，有人觉得这是一种无法确定的奇怪结果，或是两种可能性同时叠加的莫名其妙的状态。

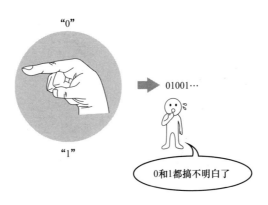

图 2.3 "横着指"的比特

然而，这很容易造成一些误解。从叠加状态出发，去思考，我们可能得出颠覆大家想象的结论。我们传统的想法很可能是：在 0 和 1 之间弯曲手指，形成叠加的状态，结果不是 0 就是 1。即使可能好几次都出现 0，或者好几次都出现 1，如果采样数量足够多的话，那么 0 和 1 出现的频率也是各为一半。

那么事实是不是这样的呢？

叠加状态是量子计算机在计算过程中所使用的重要特质，最终得到的结果并不是上述我们所想象的奇怪状态。

试想一下，如果在这种叠加状态下进行计算，其得出的结果都可能是乱七八糟的，那么这个量子计算机就会变成一个不可靠、反复无常的计算机。我们知道，要想做出可靠结果的计算机，最后必须将手指指向 0 和 1。

量子计算机不像以往的计算机那样通过弯曲手指来进行计算，而是一边转动手臂和身体，一边做出决定的姿势（见图 2.4）。

即使是在这样的中间状态下，读到最后的结果时也会归结为 0 或 1，这是一种很有效的计算方法。如果使用两个以上的量子比特，就能进一步发挥量子比特的优势。

图 2.4 量子比特的活动无法捉摸

以往的传统计算机增加比特的方式，就像简单地增加手指一样，通过增加比特就可以处理大位数的数字。量子比特不仅能增加手指的数量，还能使手指的运动联动，具有纠缠（量子纠缠）的功能。

在量子力学中，当几个粒子在彼此相互作用后，由于各个粒子所拥有的特性已综合成为整体性质，无法单独描述各个粒子的性质，只能描述整体系统的性质，称这种现象为量子缠结或量子纠缠（Quantum Entanglement）。量子纠缠是一种纯粹发生于量子系统的现象。在经典力学里，找不到类似的现象。

简单来说，量子纠缠就像在手指的动作之间绑上了绳子一样，通过将手指的一部分伸直还是弯曲起来，决定计算结果是 0 还是 1，确定结果之后，就可以决定其他手指的计算结果的性质。从这样的一部分结果中，同时对其他的中途计算结果进行信息处理，有时就能顺利地进行计算。

> 不同于以往传统计算机的计算规则，量子计算机在计算过程中，利用量子叠加的状态，使 0 和 1 的状态发生变化。

2.1.5 量子计算机的计算能力

接下来，让我们再来看看量子计算机的有趣之处。与普通计算机不同的是，它可以不使用 0 或者 1，而是使用 0 与 1 的中间状态。

如前所述，普通的计算机是通过让 0 和 1 按照事先决定好的规则不断变化来运行的。制定那个规则的东西叫作"逻辑电路"。逻辑电路是一种离散信号的传递和处理，以二进制为原理、实现数字信号逻辑运算和操作的电路。逻辑电路又分为组合逻辑电路和时序逻辑电路。前者由最基本的"与门"电路、"或门"电路和"非门"电路组成，其输出值仅依赖于其输入变量的当前值，与输入变量的过去值无关，即不具记忆和存储功能；后者也由上述基本逻辑门电路组成，但存在反馈回路，即它的输出值不仅依赖于输入变量的当前值，也依赖于输入变量的过去值。组合基本的两个比特的逻辑电路，可以操作很多比特，所以我们先来考虑两个比特的逻辑电路吧。一个比特被称为控制比特，另一个比特被称为目标比特。

举个例子，制作一个控制位表示 1 时，另一个目标位可以从 0 到 1，或者从 1 到 0 变化。这是被称为异或电路的动作。这样的逻辑电路有好几个种类，把它们组合起来就能进行任何计算，传统的计算机就是基于这样的理论建立起来的。

那么，量子计算机是怎么制造出来的呢？其实可以说机制是完全一样的。量子计算机也是有逻辑电路的。通过将不同的逻辑电路组合起来，就能成为能够应付所有计算的计算机。

不过，量子计算机不是单纯的 0 和 1，而是利用量子叠加状态，这一点是和传统计算机不一样的。这样一来，计算的结果将会是怎样的呢？可以说这个计算方式是超出了我们正常的想象范围的。理解这一点需要更多相关的知识，所以有兴趣的读者可以继续阅读其他的书，在本书当中，我们只介绍大概会发生什么样的情况。

首先，让其中一个控制量子比特处于 0 和 1 的量子叠加状态。另一边的目标量子比特，只设为 0。

将其放入刚才的异或电路中，就可以想象成两个量子比特分别横躺在一起的画面。准确地说，是两个量子比特的量子纠缠状态。此时，两个量子比特纠缠在一起，就像两个手指纠缠在一起一样有趣。

为什么说这是一件有趣的事情呢？这种有趣的状态用文字有点难以描述，很难想象，但是我还是绞尽脑汁地画出了一张图，如图 2.5 所示。

图 2.5　传统计算机和量子计算机在计算上的差异

从图 2.5 中，可以得出一个至关重要的结论。因为手指半横地指向一边，变成了一种叠加或者说重叠的状态，好像会出现凌乱的 0 或者 1 的结果，有点不可捉摸。事实上，确实会有这样的结果。但是有趣的是，不论结果是 0 还是 1，控制量子比特和目标量子比特都会是一样的结果。也就是说，如果控制量子比特结果为 0，那么目标量子比特结果也为 0；同理，如果控制量子比特结果为 1，那么目标量子比特结果也为 1。目标量子比特和控制量子比特就好像"纠缠在一起了"。

这样的一对已经形成纠缠状态的量子比特，只要量子比特不被破坏，即使相隔很远也会继续纠缠在一起，这就是另外一门新的通信技术——量子通信的技术基石。也就是说，自己拥有的量子比特和远在千里之外的对方所拥有的量子比特之间具有很强的关联性。

言归正传，关于量子计算机，产生纠缠结果这一特征是以往计算机的逻辑电路无法产生的。也就是说，计算的变化更加丰富了。

这样的话，说不定之前计算很麻烦的问题也能找到其他的解决方法，从而简单地完成计算。这可以说是有关量子计算机的所有研究的出发点。

> 我们不能贸然断定量子计算机是计算速度最快的计算机，但是可以认为量子计算机一定是非常聪明的计算机。

2.1.6 量子计算机的用途

那么量子计算机到底能做什么？不能做什么呢？需要先说明的是，即使是量子计算机，即使使用复杂的计算方法，得出的结果也只有 0 和 1，这一点和普通的计算机没有什么不一样。在这个意义上可以想象成它们是一致的。但是，复杂的计算，只要能够熟练地完成计算，量子计算机的价值就可以得以体现。

下面介绍一个利用量子计算机表现出卓越性能的案例。

首先，最具代表性的例子是对超大的数字进行质因数分解。与传统的计算机相比，量子计算机可以用更少的时间快速完成。所谓质因数分解，就是将两个以上不同的质数相乘而成的数字分解成乘法的形式。例如，将数字 15 进行质因数分解，那么分解的结果就是 3×5 的形式。如果突然要求对一个超大的数字进行质因数分解，普通的计算机恐怕会陷入无声的沉思。在实际应用中，在进行质因数分解时，为了能够高效地找出能够顺利整除的候选数字，需要花费相当多的工夫来实现。而且，其中计算的工作量也会变得非常大。在现代密码破解过程中，有时需要对大数字进行质因数分解。但是由于数字很庞大，即使密码被监听了，要想识破密码也需要时间，由于时间太长所以实际上等同于无法识破。但是，如果质因数分解能够快速进行的话，那么结果会怎么样呢？

事实上，量子计算机是非常适用于质因数分解这类工作的，量子计算机可以从庞大的可能性中快速提取一个。因为可以利用各种数字的叠加状态，用手指的"中间状态"的方向，从 0 和 1 的"中间状态"开始计算。量子计算机在思考 15 的质因数分解时，2、3、5、7 这几个质数都可以同时成为候选数字。为了表示所有这些数字，量子计算机"选择"几个手指弯曲成 90°，随时变成候选的质数。最后，从所有的候选数字中选出几个，作为结果输出。手指中间状态的角度，最后得出是 0 还是 1，从而得出质因数分解的结果质数。看到这一点，量子计算机就容易被理解为可以实现"超并行处理"的计算机，但仔细想想，这样描述好像又不太全面。同时处理庞大的数字组合，要想找出唯一的正确答案，必须思考并提炼。如果仅仅是一个一个地弯曲手指，重复确认"这个数字能不能被整除""这个数字能不能被整除""这个数字能不能被整除"……一直重复，计算机最终会变得不知所措。究其原因，是因为计算机要面对的是一个极其庞大的数字。

那么，量子计算机如何解决这个问题呢？

为此想到的解决办法是，充分利用"手指的动作关联性"，高效率地进行信息处理。让量子计算机学会进行关联分析，比如"如果这个不行的话，那么可能推出那个也不行吧"之类的。量子计算机在处理庞大数字时，并不是那样不着边际地寻找，而是如果一个候选数字判定不符合的话，那么按照某种规律找到的相似数字也会减弱其作为答案的可能性（权重）。这样，量子计算机为了得到正确答案，从各种候选中选出最高权重的，发挥其计算的威力。这样的话，从非常多的质数的候选中，只要能取出一个能被除尽的候选，它就是质因数分解的其中一个质数。这种类型的问题就是量子计算机擅长的问题。

实际上，在 1994 年，Peter Shor 提出了著名的 Shor 算法（舒尔算法），舒尔算法是针对质因数分解问题的量子算法。其明确了在可以自由操作量子比特的情况下，量子计算机与传统计算机求解方法相比，可以更快地进行质因数分解的算法。Shor 算法在前后加入了由传统计算机进行的预处理和后处理，但在核心部分由量子计算机得出能够整除的候选数字。在筛选候选数字时，会从众多可能性中筛选出有潜力的候选数字。这种算法的特点是关注数字的特殊周期性，高效地锁定候选质数。

在量子叠加状态下可以同时讨论多个候选质数，然后利用量子纠缠高效率地筛选候选质数。接下来，根据目标，该用什么样的算法规则进行聚焦（缩小目标范围）呢？在最后制定规则的算法设计阶段，必须最大限度地利用前面提到的量子计算机的两个特性（量子叠加和量子纠缠）。实际上，要深刻理解量子计算机，不仅要知道它的特征，还要了解它如何应用，否则就不能真正理解它。这也是很多人觉得量子计算机太难理解的原因所在。

虽说量子计算机确实很难以深入理解，但量子计算机的一个很重要的特点在于，它可以对多个候选结果进行"研究分析"，并巧妙地进行"筛选"，以减少得出结论所需的运算时间。如果我们记住量子计算机的这一重要特征，然后放眼世界，或许会发现很多意想不到的应用案例。我相信在未来，不仅是量子计算机的专家能够做到，读者朋友们也一定能做到。虽然量子计算机很难，但为了让读者在读完之后能以这样的视角去看待这个世界，请读者们再坚持一下，往下看吧！一定会有所收获！

接下来，介绍另外一种叫作 Grover 的算法。Grover 算法有时也称为量子搜索算法（Quantum Search Algorithm），是一种在量子计算机上运行的非结构化搜索算法，是量子计算的典型算法之一。Grover 算法和前面提到的 Shor 算法是量子计算机领域两个最重要的量子算法，而 Grover 算法相比于 Shor 质因数分解算法，有着更广泛的应用。Grover 算法主要解决这类问题——在由海量数据构成的数据库中，按目标条件要求检索出所需的数据。光看字面上的意思，我们也能够感觉到，这不正是量子计算机擅长的事情吗？量子计算机擅长从众多候选结果中导出一个正确结果。实际上，Grover 算法与传统的计算机求解方法相比，是一种非常高效的方法。而众所周知，随着大数据的发展，人类要处理的数据量是与日俱增的，现在社会方方面面的数据量越来越庞大，数据搜索技术也变得越来越重要。所以可以很容易地预想到未来，需要处理比以前更庞大的数据。量子计算机在将来会成为解决海量数据检索问题的一把利器！

除此之外，在很多的应用场景下，与以往的传统计算机相比，量子计算机可以保证高速运转的案例越来越多。虽然我在这里没有办法列举全部内容，但是我想提一下目前最炙手可热的方向——人工智能。量子计算机在人工智能的基础技术之一机器学习中经常用到的计算，比如函数梯度计算（"函数梯度"是一个向量，表示某一函数在该点处的方向导数沿着该方向取得最大值，也就是说函数在该点处沿着该方向即此梯度的方向变化最快，变化率最大）和矩阵求逆运算（矩阵求逆，即求矩阵的逆矩阵）等，也能高速执行。在机器学习中，为了能把猫的图像放进去并识别出是猫，通常必须要探索一下应该注意哪些点。而一般是通过关注被称为"函数梯度"的量，去判定重点关注哪个点比较好。在观察各种数据的同时，需要同时计算梯度，有时还需要进行"矩阵求逆运算"。如果能以绝对的速度完成这些计算，那么就能以更高的速度处理更多、更大的数据。

但是，使用量子计算机进行计算的前提是，需要在量子计算机的芯片上输入基础数据，而目前来说，输入数据需要花费一定的时间。在现阶段，输入想要解答的问题相关的数据所花费的时间会超过运算结果所需的工作时间。想象一下将大量、大规模的数据输入量子计算机的芯片中，以目前的发展水平来说，是需要大量时间的。这就是目前影响量子计算机发展的一个瓶颈，可以说，目前的量子计算机在实际应用上的水平还比较低。

那么，我们是不是可以将量子计算机看作未来的技术呢？

> 量子计算机的特征是通过量子叠加来探索多个状态，以及用量子纠缠来实现高效率的目标筛选。

2.1.7 量子计算机的研发现状

下面我们就来看看量子计算机的研发现状吧！量子比特目前正处于风口浪尖。量子比特不仅仅是能够"手指上下移动"，还可以"手指弯曲、手指联动"。说到可以简单搭载且可操作的量子比特的数量，以笔者在执笔撰写本书的时间点（2019 年 4 月）来看，美国马里兰大学和杜克大学的研究成果为基础的初创企业 IonQ 发布的搭载 79 个量子比特的芯片，其为量子比特数量之最。正如其名，这个芯片上排列着 79 个量子比特。如何利用好这 79 个量子比特去解决我们要处理的各种问题也是要投入时间去研究的。不过，至少我们可以看到的是，它可以以二进制最大限度地处理 79 位的数值。我们平时使用的十进制数大约可以处理 23 位数的数值。

想必很多人都知道，我们平时使用的计算机可以处理 32 位和 64 位的数据。单纯比较数值的话，量子比特的规模应该可以更大，具体有多大，为什么大，我们将在后面的章节中进行详细说明，现在我们先带大家了解研发现状。

IonQ 公司的出资公司包括谷歌公司的母公司 Alphabet 公司和电子商务公司亚马逊公司。单从这一点我们可以看出，计算机产业的巨头们对量子计算机的发展也是十分关注的。我相信，随着研发的投入，亚马逊公司的拳头产品 AWS（Amazon Web Services，是亚马逊公司的云计算 IaaS 和 PaaS 平台服务）和谷歌公司提供的各种在线服务产品，在未来将和量子计算机结合出新物种，登上历史舞台。另外，自 2018 年 3 月以来，谷歌公司发布的 72 个量子比特的芯片也是备受瞩目，现在正在对其性能进行评价和验证。英特尔公司也于 2018 年初发布了 49 个量子比特的芯片。IBM 公司在 2017 年末发布了 50 个量子比特的芯片。同时，IBM公司的16个量子比特的产品IBM Q，也正在向全世界的用户提供云服务。由于IBM Q公开的时间非常迅速，因此获得了很多用户，提高了知名度。

那么，像这样拥有大量量子比特的量子计算机的芯片相继登场了。只是，根据现在的技术实现了的量子比特，还不能完全攻克所有的缺陷。也就是说，随着计算的进行，芯片也会累积起来，其计算结果不一定会完全正确。因此，需要多次进行计算，从中推断出正确的结果。要完全攻克这些缺陷，还有很长的路要走。

实际上，到现在为止的传统计算机也有同样的问题。为了防止缺陷的发生，其中一个办法就是，使用更多的比特位，把多个比特位作为一个整体来表示0和1。我们来举个例子，比如，为了保护0这个信息，需要做什么呢？我们知道，在发生错误的环境中，或是0变成1，或是1变成0。那么怎么解决呢？在这种情况下，0被冗余为000，1被冗余为111，用多个比特位来表示0和1。这样的话，0和1偶尔反转了的情况下，000这个冗余化的信息，有010或者100之类的一部分崩溃的可能性。但是，大多数比特位还是正常显示为0的，这样一来，就可以推测出"原来的信息很可能是0"。本质上，为了保护原来的信息，这里是通过类似于"投票"的机制来实现的，0投的多就是0，1投的多就是1。那么同理，对于量子比特而言，我认为这个做法也是值得借鉴的。

通过巧妙地操作量子比特，以确保结果的正确性。为此，除了从0到1，从1到0的手指方向以外，手指的角度等方面也有可能对结果产生微妙的影响。确实，量子比特真的是太脆弱了！量子比特稍微偏离角度的话，就会做出不同的动作，变成了错误的结果。由于量子比特的脆弱性，量子计算机一度被认为是不可能实现的。

但是，在一部分特殊计算中发现了量子比特的可用性后，为了实现计算的目标，人们开始对量子比特的错误进行容错的研究。功夫不负有心人，目前这个研究已经取得一定的进展。一部分量子计算机已经具有非常强的容错性的机制。

　　但是，我们发现为了具备这种容错性，就需要牺牲非常多的量子比特投入数。因此，对于刚才登场的数十个量子比特芯片，我们不能仅仅通过量子比特的数量去解读量子比特芯片的性能。可以说，量子比特芯片要作为量子计算机去工作，需要非常多的量子比特。

　　从现在的量子比特的品质作为出发点去估算，为了确保一个量子比特的信息是正确的，需要数千到数万个量子比特同时工作。这样一来，量子芯片或者说量子计算机有两个前进方向：一个是需要不断改善量子比特自身的品质；另一个是准备大量的量子比特来弥补量子比特质量的不足。由于这个量子比特特有的不稳定性（脆弱性），现在的量子计算机存在叠加状态持续时间短等问题。专业术语中叫作"相干时间"。关于量子相干性，或者说"态之间的关联性"的其中一种说法就是，爱因斯坦和其合作者在 1935 年根据假想实验做出的一个预言。这个假想实验为：在高能加速器中，由能量生成的一个电子和一个正电子朝着相反的方向飞行，在没有人观测时，两者都处于向右和向左自旋的叠加态，而进行观测时，如果观测到电子处于向右自旋的状态，那么正电子就一定处于向左自旋的状态。这是因为，正电子和电子本是通过能量无中生有而来，必须遵守守恒定律。也就是说，"电子向右自旋"和"正电子向左自旋"的状态是相关联的，称作"量子相干性"。量子相干持续的时间就是所谓的"相干时间"。因为量子计算机只能在保持量子比特特性的期间进行计算，所以量子计算机也存在着一个计算需要花费很多时间的问题。

　　也就是在上述情况下，目前大家习惯性地把现在的量子计算机称为 NISQ（Noisy Intermediate-Scale Quantum computer，带噪声的中等规模量子计算机）。这里"中等规模（Intermediate-Scale）"指的是，目前的量子计算机的规模只能定位为中等规模，还不能叫作大规模量子计算机。"噪声（Noisy）"则强调对量子比特的控制仍不是非常完美，这导致小的误差会随着时间积累，计算时间越长，答案的可靠性也就越来越低。

此外，量子计算机最大的特征是在大量的量子比特之间实现量子纠缠，大量的量子纠缠状态下，就会形成一堵墙。传统的计算机，像 32 位、64 位这样小规模的位数，已经可以处理相对比较复杂的工作了。这是为什么呢？实际上是因为如果只是处理大规模数字的工作的话，可以把工作进行分割或者按顺序进行，这样总有一天会结束。但是，在量子计算机中，如果处理的数字是大规模的话，不将与该数字对应的量子比特排列起来的话，就不能最大限度地利用量子纠缠。

由于与理想状态的计算机相距甚远，因此现在讨论"量子计算机相对于传统计算机是否具有优势"还为时过早。但是，一旦出现新物种，人们的期待感就会大大增加，这些都是人之常情。即便是现在，很多人还是想早点见识量子计算机的威力。

因此，迄今为止发布的数十个量子比特的量子计算机在各种实验结果中都显示了其优异的性能。但是这对于这个领域的研究人员来说是很开心的事情。而且量子计算机技术的进步很惊人，一次次的技术突破造就了一次次的颠覆。为了迎接量子计算机颠覆世界的那一天，我们不是需要做好准备吗？我们应该考虑留多一些创造未来的时间！

> 量子计算机就像初生婴儿一样，在不久的将来会给大家带来更多惊喜！

2.2 量子计算机的"急先锋"——量子退火

量子计算机从概念走向现实的道路是非常崎岖的。不过话说回来，我们前面不是提到过商用的量子计算机吗？这个商用的量子计算机是怎样的一种存在呢？接下来，我们将介绍这种方式有点奇怪的量子计算机。

2.2.1 已经在商售的量子计算机

在现代计算机不断突破极限的趋势下，人们对量子计算机的期待也越来越高，关于这一点，我想大家在前面应该都已经有所了解了。

想必大家都看过有关量子计算机的新闻报道和网络报道。其中，也许有读者发现，实际上存在很多被命名为"量子"的东西，比如量子通信、量子互联网、量子区块链等。其中与量子计算机相关的关键词之一，就是"量子退火技术"，接下来我们将重点探讨。

"量子退火"技术是 1998 年由两位日本研究人员提出的，2011 年加拿大一家风险投资企业开始销售搭载这项技术的机器，震惊了世界（第 1 章提到过这个事情）。没错，量子计算机已经开始实际运行了。自从这个新闻公布于世，全世界对量子技术开始了一波研究浪潮。由于加拿大这家公司生产的量子计算机是世界上第一台商用量子计算机，因此一经宣传便受到了各界的关注。

刚才提到的量子计算机，在量子叠加的状态下，不是利用简单的 0 和 1 的转换进行计算，而是利用量子计算过程中的复杂变化，高效地进行计算的新型计算机。在完美意义上的量子计算机实现之前，为了与量子计算机同样利用叠加状态的特殊用途而开发的执行量子退火的机器，简称"量子退火机"登场了。

首先，"量子退火"究竟是什么？上面写着为了特殊用途，那么它的用途是什么呢？接下来我们来"解开谜题"。说到解谜，大家可能会觉得没什么意思，但这个解谜并不是普通的解谜。我们要解开产业界潜藏的谜题。这就是量子退火被赋予的使命。

说起计算机，在今天的人们的印象中，它是发送邮件、帮助我们进行日常事务、处理文字和表格计算等工作的工具。但是，计算机最初是以自动进行计算为目的而出现的。也就是说，即使是非常困难的计算，只要耐心等待，就能完成计算，并得出计算结果。从这个意义上来说，量子退火就是能够解决谜题的量子计算机。

> 量子计算机离真正的实际应用还有一段距离。然而，自从量子退火机出现之后，"量子计算机"走向实际应用场景的沿路风景好像变了。

2.2.2　世界级的谜题——组合最优化问题

在产业界潜藏着怎样的谜题？首先，我们把目光转向工厂。试着考虑一下产品制造工序中的操作顺序吧（见图 2.6）。所谓的操作顺序，这里主要指的是"应该按照怎样的顺序加工，应该怎样组装"。因为能够进行加工和组装工作的机器只有几台，所以在组装过程中，必须将蜂拥而来的零件合理安排好顺序，并进行"交通"疏导。这个问题其实是一个非常有趣的谜题。

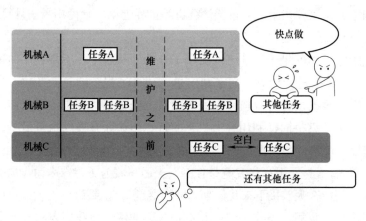

图 2.6　工厂中生产排产的谜题

如果把一个作业工序看作一块拼图，那么这一块拼图能否与数量有限的机器完美匹配，这就变成了一个庞大的拼图问题。因为不能同时完成所有的工作，所以必须错开时间，拼好时间。

必须在完成一系列其他工作之前完成该项工作。如果有稍微超出的部分，这个部分表示的就是超额时间。这时工厂就会有员工大喊，

"啊，今天又要加班了。"

大家可能会想："原来如此，量子退火机主要被用在解决工厂生产加工和组装的工序优化问题上面了。"但是，如果仅仅是这样想，那就太局限了。

例如，"组装零件的机器"变成电车和车站会怎样呢？如果汽车中间有"十字路口"会怎样呢？我们知道，电车一定有停靠的车站。汽车在途中也一定会有经过的十字路口。如果所有车流同时涌入的话就会堵塞，导致交通无法发挥作用。因此，就需要巧妙地解开这个"车流谜题"。电车的发车时间、汽车的加减速时间都需要作为要素加以考虑，为了不让交通瘫痪，我们需要通过控制这些时间来填充拼图。

电车和汽车需要考虑，换成卡车会怎样呢？换成摩托车会怎样？有各种各样的交通工具，载人的，运货物的，都有。再扩展一下，邮件运送和快递行业也潜藏着谜题般的复杂问题。

搬运用卡车的货架上放着货物，什么尺寸的行李放在哪里才会稳定，哪里才不会变形呢？货物不想堆得很高，希望高度低一些的需求也是会有的。这也是一个很好的拼图问题。货物装好后，就需要去送货，那么应该选择哪条路，从哪一家开始送货呢？如果可以的话，在最短的距离内行驶，就能节约时间，节约汽油，从而降低成本。

是的，这里也存在谜题的问题。配送结束后，再去分拣下一次配送的货物。如果不及时分拣新的货物，货物就会越来越多，那么什么时候回去分拣呢？又出现了令人烦恼的谜题。

> 可以说，当今世界上充斥着各种各样的谜一样的麻烦问题。

上述这些谜题的专业术语叫作"组合最优化问题"。我们放下工作，想想吃的，比如今晚的晚饭吃什么呢？我们去购物时，也会遇到组合最优化问题。冰箱里剩下的食材是这个和那个，再加上买了某东西就能做咖喱了。再比如，买 2 ～ 3 天食材时的安排问题，明天吃咖喱，今天吃炒菜，后天吃意大利面等。我买的食材应该是做到恰到好处的，如果买多了，剩下的食物就很难保持新鲜。买食材时尽量不要有多余，也要尽量避免不够的情况。

晚饭的问题归根到底不是食材问题，而是"库存管理问题"。无论是在家庭还是在工作中，到处都存在着组合最优化问题。

> 世界上充斥着组合最优化问题，但是该如何解决这个问题呢？

2.2.3 快速解决产业中的难题

这些麻烦的拼图问题、组合最优化问题，如果只是单纯的兴趣爱好，只是为了打发时间，或许可以不去在意，但如果是和工作有关的问题，就不得不想方设法地去解决了。怎样才能解决呢？为了系统地思考这些问题，人们将这些难解的问题归纳为"组合最优化问题"，尝试用数学方法或经验方法来解决。说到数学，一般我们会设未知数为 x，建立方程式来求解，但是数学的好处是让字母 x 有各种各样的意义。有时用 x 来解决食盐溶解的问题，有时用 x 来表示龟兔赛跑时乌龟和兔子的速度，有时用 x 来表示三角形的边长等。

利用这样的数学方法，世界上所有的组合最优化问题都可以用"设置未知数"的方式来表示，并且可以适用于任何场合。在解决组合最优化问题时，是使用某个拼图的碎片，还是不使用？把那个选择嵌入一个文字里。用 σ 这个希腊字母来处理。这个 σ 是表示 0 或 1，让不让公共汽车发车，电车是否发车，使用哪些食材还是不使用，路径是否弯曲，是否左转。数学有很多用途，应用范围十分宽广，使用方式十分灵活，这是数学的优点。数学的威力就在于表现形式的丰富性，能够消除所有领域的隔阂。

然后，σ 可以从取 0 和 1 的数字转换为比特，转变为计算机可以处理的计算。让计算机解谜，这样就会自动得出答案。这样一来，无论是产业上的问题，还是日常生活中的烦恼，或许都能迎刃而解，可以抱有这样的期待。

使用计算机来解决组合最优化问题的想法由来已久。然而，解决一个难题往往会花费很长时间，有些难题即使是使用计算机也会花费很长时间。但是，如果能很好地解决这些难题，就能提供优质的服务，可以想象在未来，很多公司内部的业务流程都可以得到有效推进。然而，不知从何时起，很多人不再采取这种方法去解决问题，即使明知效率低下，也会依靠人力、经验或遵循前例。这样一来，有经验的人、工匠、专家会很自然地接受经验传承的做法，用社会发展的每个环节的业务内容确定了整个社会最终的运作方式。而社会的运作方式，也会伴随着时代的变迁，一点点地变成现在的样子。

例如，当你兼职做邮递员时会发现，为了能够高效率地配送，地图上画着送邮件的路径。但是，为了骑自行车或摩托车少走一段路，或者减少上下车的次数，这里面的算法实际上也花费了很多心思。这是经过长年累月优化的证明。产业界的组合最优化问题如图 2.7 所示。

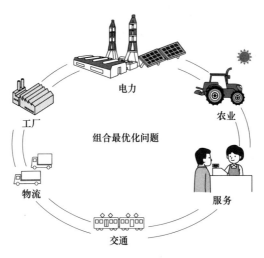

图 2.7　产业界的组合最优化问题

那么，几乎每时每刻新形式的服务都在演进，变化速度也越来越快了。有没有想过随着时间的推移，如此长年累月下去，不断推陈出新的服务，还会不会继续以非常高效的方式去演进呢？

为了解决密钥的组合最优化问题，找到高效解决谜题的好方法。在 σ 取 0 和 1 的方法论下，统一处理几乎所有的组合最优化问题，但是却找不到非常高效快速的解决方法。σ 是 0 还是 1，应该选择哪一种呢？我想找出高效的解决办法。

嗯……试试用量子比特会怎样呢？

> 设 σ 在 0 和 1 之间变化的方式，可以统一处理很多组合最优化问题。而且，如果这个方法和量子比特结合的话，与计算机的 0 和 1 计算又很契合。那么，有什么办法呢？

2.2.4　量子退火的出现

σ 是取 0 和 1，表示组合最优化问题中的选择。诸如二选一的问题，比如用还是不用？向左还是向右？是前进还是返回？这些二选一的问题与计算机所使用的比特是相对应的。那么，如果用量子比特会怎样呢？能否利用 0 和 1 的叠加状态，思考哪个更好呢？而且，量子比特不仅可以单独变为 0 或 1，还可以通过量子纠缠在一起联动。能否利用这一特点，高效地得出解决问题的方法呢？

这就是"量子退火"的最初想法。利用量子比特的叠加状态，为取 0 或者 1 的 σ 分配量子比特，试着通过量子比特解决世上众多的组合最优化问题。

在解谜时，我们会烦恼二选一什么时候该选什么。在量子退火中，同样的事情需要量子比特来做。

首先用量子比特来考虑 σ。在量子退火中，我们将量子比特排列在一起。

采用量子退火机进行计算，首先要从量子比特处于 0 和 1 的叠加

状态时开始。要在彻底消除量子比特间相互作用的同时，施加被称为
"横向磁场"的控制信号，这样量子比特更容易同时既向上又向下。横
向磁场就相当于模拟退火中的加热。一开始，所有的量子比特都是重
合的状态，也就是横着放。在量子退火中，制造叠加状态这一最初的
工作被称为"施加横向磁场"。

　　之前都是用手指来想象量子比特的，我们为了单纯地表示方向变
化，在这里还是用箭头来表示量子比特吧。如图 2.8 所示，一开始对
量子比特"施加横向磁场"，使其横向移动。这样一来，σ 就变成了 0
或 1 的叠加状态，已经做好了不区分哪种情况的准备。

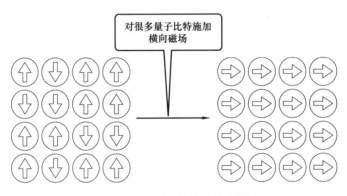

图 2.8　对量子比特施加横向磁场

　　横向磁场的强度可以控制叠加的状态。随着横向磁场逐渐减弱，
随后在横向磁场不断减弱的同时，量子比特间的影响程度不断增强到
预先设定好的值，横向的箭头逐渐向上和向下分开。这样一来，各个
量子比特的电流根据设定随之变成顺时针或逆时针流动中的一个。这
意味着量子比特向着最稳定、最低能量的排列对齐。虽然还有一些
"横躺着的"量子比特，有 0 或 1 的不同结果，但是如果横向磁场最
终被切断，就不再是重叠状态，就会得出是 0 还是 1 的明确答案（见
图 2.9）。

横向磁场最终被切断

图 2.9　量子退火的原理

这就是量子退火的原理。利用叠加的状态，让量子比特"考虑"是 0 还是 1 的方法。

"横向磁场"这个词，因为有"磁场"这两个字，所以有人可能会想这个是与磁铁有关的词，事实确实如此，量子退火的想法本身就是从磁铁的研究中启发而来的。

说到磁铁的话，有 N 极和 S 极，有的磁铁是 U 形的，有的磁铁是棒状的，有的磁铁是方位磁针模样的。我们可以把量子退火的初始状态想象成为一堆方位磁针排列在一起，然后将所有指针的方位横向复位的状态。

如果切断这个横向磁场的话，由于地磁的影响，所有的方位磁针都会朝向北方。在量子退火中，量子比特的箭头就类似于这一系列指向性磁针的方向。

受到周围的量子比特的影响，到底某个量子比特是 0 好还是 1 好呢？谜题的规则能以量子比特之间的关系性的形式来保持的话，量子退火就会自动解决我们希望解决的组合最优化问题。

> 量子退火是一种将量子位朝向侧面，逐渐确定向上或向下的方法。

2.3 使用量子退火机

2.3.1 量子退火机是如何制作的

D-Wave Systems 公司开始开发量子退火机，将大量量子比特排列在一起，通过横向磁场自动"解开谜题"，并推出了世界上第一台商用的量子计算机。既然是商用的，就意味着可以购买，也可以租用。很多日本企业已经开始使用量子退火机，探讨其应用落地的各种可能性。

量子退火机，首先得是一个计算机，所以是有硬件实体的。那么量子退火机到底是怎样的呢？量子退火机有一个黑色的大箱子，里面有一台稀释制冷机。稀释制冷机是一个吊灯似的到处都是布线的装置。

量子退火机的前端有一个芯片，这是量子退火用的芯片。芯片由超导状态金属组成的电路组成，相当于传统计算机的 CPU，这里称为 QPU（Quantum Processing Unit）。

利用处于超导状态的金属构成量子比特，使其相互关联工作的电路就是 QPU。只要在 QPU 上输入想要解决的组合最优化问题，系统就会自动回复组合最优化问题。

从上面讲述我们可以发现，在量子退火机的构成中，出现了"超导"这个词。"超导"这个词在调查磁悬浮列车和体内情况的核磁共振成像中也被使用，"超导技术"可以说是支撑最尖端科学的基础技术之一。

一个显著的性质是，超导状态的物质上永久有电流流动。这是因为电阻几乎为 0，所以电流会一直流下去。我们很自然可以想到，通过超导的性质，可以制造出更加省电的电子元件。实际上也是这样的，量子计算机有望成为非常省电的计算机。

"超导技术"是使超导体形成重叠状态所必需的技术。这种超导状态能够制造出永久电流,物质内的电子的运动没有混乱且处于整齐的状态。在普通的金属中,电流不能很好地流动,所以会产生热量。与此相对的是处于超导状态的金属,电流可以畅通无阻地流通,所以极少发热。这种整齐齐备的均质状态,是制造量子比特的绝佳环境。只要有一点干扰,重叠的状态就会受到损伤。

量子比特就是用这种处于超导状态的金属夹住绝缘体的约瑟夫森器件制成的。量子比特所需的功能是制造并维持重叠状态。约瑟夫森器件可以维持一定时间的重叠状态。这些约瑟夫森器件排列在一起,就是量子退火机的QPU。

图2.10是约瑟夫森器件中最简单的电荷型约瑟夫森器件的样子。D-Wave Systems公司开发的QPU搭载的是磁通型约瑟夫森器件,但基本原理是一样的。

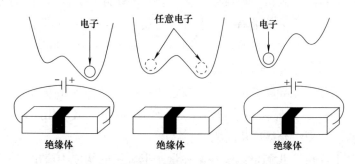

图2.10 电荷型约瑟夫森器件的叠加表现

首先,电子被绝缘体隔离。想必大家都知道,当对金属施加电压时,会产生电流,如图2.10所示,我们用电池的方向来表示这种情况。如果将电压偏向哪一边,电子就会移动到哪一边。

为了消除这个电压偏差,从而做成约瑟夫森器件,就需要制造出"电子在任何一方都能被发现"的状况,也就是形成了重叠的状态。就这样,我们制造出了量子退火所需的叠加状态。我们暂时假定这个电压距离的调整相当于横向磁场的调整。

量子叠加已经模拟完成，接下来需要做的是让各个量子比特之间具有关联性。因为基本上是电路，所以量子比特是电连接的。这和中学时代学过的法拉第的"电磁感应"有关。

按这样的效果去设计：如果有一个量子比特状态为 0，那么相邻的量子比特状态也是 0；如果有一个量子比特状态为 1，那么相邻的量子比特状态也是 1。或者是按这样的效果去设计：如果有一个量子比特状态为 0，那么相邻的量子比特状态相反是 1；如果有一个量子比特状态为 1，那么相邻的量子比特状态相反为 0。可以通过巧妙调整电路，使量子比特之间具有复杂的关系（见图 2.11）。

图 2.11　量子比特之间的关系

为什么量子退火机在解决谜题的过程中发挥了如此大的作用呢？我们来想象一下解谜时的情景。

在填充拼图时，有时会出现想要填充某一块时，却无法顺利填充其他块的情况。这时，我们可以把拼图的某部分与量子比特的 0 和 1 对应起来，在量子比特的状态为 1 时拼上去。由于每次只能够拼某一个，因此当某个量子比特为 1 时，相邻的量子比特就不会是 1，只能是 0。

每个拼图都有自己的形状，有的拼图套上了这一块，其他的就完全没用了，有的套上了某一块，其他的几块就容易套上。将这些"倾向性"全部列举出来，作为量子比特之间的相互作用输入进去就可以了。

2.3.2　量子退火机的使用方法

下面，让我们用量子退火机来解决谜题吧。下面将通过例子理解量子退火机的使用方法。

我在演讲中经常使用"毕业旅行"的例子。假设"毕业旅行"是自由行动。D-Wave Systems 公司销售的量子退火机最新的配置是 2048 个量子比特，这个配置基本上可以处理 2000 人的数据量。

那么，假设有 2000 名学生规模的初中生和高中生，从日本关东圈到日本关西圈进行毕业旅行。在这个日程中，可以选择京都或是奈良的自由行。那么选择哪个呢？这是一个终极选择。

因为毕业旅行只有一次，而每个人都有各自的偏好。如果只考虑到上述这一点的话，想去哪里就很容易决定了。但是因为毕业旅行本身是一个集体活动，某人和某人想一起去，就会牵扯到各种各样的关系。

也就是说，分配了某个量子比特的某个学生 A 和另外一个分配给别的量子比特的学生 B 之间可能存在随同关系，比如学生 A 说，"如果 B 去京都的话，我也去京都，如果 B 去奈良的话，我也要去奈良"；或者比如学生 C 说，"如果 D 去京都，我就代替他去奈良"，我想这种情况也是有可能存在的。这种关系存在于各个学生之间。根据这些信息，可改变连接量子比特的电路设定。

听起来似乎是一件非常困难的事情，但 D-Wave Systems 公司的量子退火机却能在一瞬间完成，非常方便。因此，即使接到各种各样的班级和学校的要求也没关系。

横向磁场加强的地方，首先是叠加的状态。也就是说"代替"人去考虑京都还是奈良。当横向逐渐转换为向上或向下时，其他相关联的量子比特也受到了影响，以同样的方式向上移动，或者向下移动。

最终，由许多量子比特相互关联，最终决定应该去哪个方向（京都还是奈良）（见图 2.12）。

图 2.12 量子比特联动工作确定方向

咦，这个故事好像在哪里听过。量子比特联动工作，这不是量子纠缠的话题吗？

2.3.3 量子退火机是量子计算机吗

量子退火机利用量子比特来判断哪个是最优选择。判断时利用的是量子叠加的状态。然后，如箭头所示，由于量子比特向上或向下移动，使得与其相邻的量子比特相关联地向上或向下移动。因为不是单纯的量子比特，所以也有些情况是不能马上面向正上方或正下方，而是面向侧面。

通过设定相邻量子比特之间的联动动作，在刚才的毕业旅行的例子中，很多量子比特也可以向上或向下。绝不是每个人分开，一个一个地进行决定，而是合作现象，相关的人一齐改变方向。这样，我们能够高效地得出最佳方案。

而这个联动动作，是我们前面介绍的量子计算机最大的特征——量子纠缠。在运行多个量子比特这一点上，的确如此，但是在量子退火机中使用的量子纠缠的效果很弱。

量子纠缠当然可以有效地推进多个量子比特的工作，但它的优点在于，如果存在不可能的答案或候选项，就可以立刻消除这种可能性。除此之外，还承担着现有计算机无法进行的高速计算处理的要素。如果不能很好地利用这一点，即使有再多数量的量子比特，量子计算机也无法发挥出所被期待的最大性能。

由于量子纠缠本身并没有对量子退火原理产生深刻的影响，所以也有人认为目前已经面世的量子退火机不能称为量子计算机。也有人认为，随着今后的进展，其性能将得到发挥，其能力将能够与真正意义上的量子计算机相匹敌。就我个人而言，我认为在人类真正掌握量子计算机之前，把好不容易掌握的技术发扬光大，尝试各种挑战不是挺好的吗？

量子退火机还在不断发展，增加了各种各样的功能。随着对需要具备哪些功能的讨论不断深入，我们逐渐了解到获得进一步研发量子计算机的资格条件。即使是量子退火机，只要增加一些新功能，就可以升级为无人抱怨的量子计算机。当然，实现这一目标的道路就像制造量子计算机一样，非常艰难。

需要哪些功能呢？在这里简单介绍一下。目前的量子退火机，是将量子比特一起横向放倒，使相邻的量子比特之间具有关联性，根据0或者1，逐渐向上和向下的过程。

仔细想想，这个机制非常简单。这就是当初提出的量子退火。能让它做更复杂的动作吗？因为它是量子计算机，所以需要时而向上，时而向下，还需要根据中间的计算结果进行进一步的扭曲和旋转。

在最新的量子退火机中，量子比特从横着的状态转向上下的简单操作，实现了再次横倒的反向退火的方法。从解开谜题的角度来看，可以重新解开谜题，重新套上拼图。当有几个不太好的部分时，可以尝试重新来过，从而追求更好的答案。从量子计算机中量子比特的操作来考虑的话，操作量子比特的复杂度增加了几分。

通过中途施加向上向下的磁场，改变各个量子比特的横向磁场强度，可以对单独的量子比特进行不同的操作和更精细的运动。到目前为止，量子退火机从只能够整体操作，逐渐向能够单独操作量子比特的方向发展。你看，这是不是越来越像量子计算机了。

另外，D-Wave Systems 公司已经在进行新功能的实验，使量子比特的操作方法更加复杂。通过进一步巩固与相邻量子比特的关系性、复杂化联动方法，量子比特不再只是能够简单地从横向向上或者向下移动，而是在途中可以向各个方向扭动，也就是说，量子比特可以进行特定方向的运动。

> 在现有技术基础上不断演进，逐步接近理想状态的量子计算机形态的量子退火机也是量子计算机发展的重要路线之一。

2.3.4　量子退火机面世后的影响

自从量子退火机问世以来，随着各种报道的出现，人们对它的了解越来越多，同时，量子退火机实际上也遭受过很多的质疑。可以说，量子退火机这条路走得并不平坦。

量子退火机刚登场时，有人质疑——由于量子比特数量少，离实用水平还差得很远。

制造量子比特属于"说起来很简单，做起来非常困难"的事情。如果大量地制造量子比特，并维持它们的重叠状态，让它们完成自己想要的动作，那就更是难上加难了。因此，最开始时量子比特的数量很少，2011 年开始商用时的 D-Wave One 也只有 128 个量子比特。

那么，执笔本书的当下，最新的量子计算机的芯片用的是量子比特吗？是的。量子退火机如之前的说明那样，主要发力于构建量子比特的重叠状态，而省略了使之进行纠缠或其他复杂动作所需的一切功能，因此量子比特数以非常惊人的速度升级着。

接下来登场的 D-Wave Two 具有 512 个量子比特，接着是 D-Wave 2X、D-Wave 2000Q，经过反复升级和演进，现在规模已经扩大到 2048 个量子比特。但是，产业界所期待的组合最优化问题的规模仍然很大，很多问题还不能靠 2048 个量子比特解决。这种差距就是问题所在，无论如何都会因为期待感太大而失望，这就把量子退火机逼到了负面评价的悬崖边上了。

在现实中，量子退火机究竟能在多大程度上满足人们的期待，取决于它能够解决多大的问题。如果对任何事物都进行一次计算处理的话，一下子就超过了量子退火机所能利用的范围。为了控制问题在量子退火机的能力范围之内，需要合理地考虑问题的设定。

另外，其中的关键还在于如何灵活地使用量子退火机的处理能力，以达到提高计算速度的目的。如果是花一天时间就可以慢慢地解决好日程问题的话，就不需要"那么快"的处理能力了。但是，如果情况时时刻刻发生变化的话，事情就会发生变化。

在日程问题上，如果是电车的运行，或者是机器人在工厂内搬运产品的情况下，一般需要瞬间得到结果。另外，以目前流行的互联网 Web 服务的后端为例子，后端系统目前已经很普遍地需要根据用户的喜好和经验，来不断改进用户体验了。如果处理的数据量很大，那么就有量子退火机发挥的一席之地了。在这种情况下，我们需要认真地考虑需要使用多少规模的量子比特，以充分发挥量子退火机的"性价比"。

除了"量子比特数量"这个问题以外，还有一个问题是"由于电路设计上的原因，处理问题的能力较弱"。

虽说有 2048 个量子比特排列着，但是那个电路的构造有毛病，并不是所有的量子比特之间都有结合。

如图 2.13 所示，量子退火机中的 QPU，矩形超导状态下的金属环如编织般重叠。这个重叠的部分设定了量子比特之间的关系性，是磁通量型的约瑟夫森器件，通过电磁感应来传递量子比特的情况。因此，存在着没有连接的量子比特对很多，不能直接交换的问题。

如何进行交互才能再现用户希望解决的组合最优化问题呢？为了思考这个问题，我们考虑用嵌合图来简单地展示量子比特的情况。将长方形的量子比特简单地用圆圈表示，然后将相连的量子比特用线连接起来，这就是所谓的嵌合图。这样就可以看到所有没有连接的圆圈。

为了让两个相距比较远的量子比特之间保持关系，必须牺牲几个量子比特进行"接力"。因此，2048 个量子比特实际上需要牺牲一定数量的量子比特去计算和处理问题。由于量子比特需要接力，折算下来真正发挥作用的量子比特数量会大打折扣，因此，就会离更高的要求越来越远。

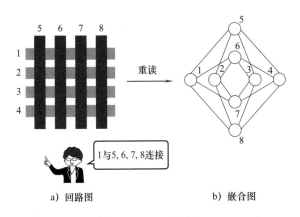

a) 回路图　　　　　　　　　　　b) 嵌合图

图 2.13　QPU 的连接

要想熟练使用量子退火机，需要具备很严格的条件。由于还无法战胜现有的传统计算机，因此，很多人认为，量子退火机还不是真正意义上的量子计算机，有一段时间人们对量子退火机褒贬不一。

历史的车轮滚滚向前，量子计算机还是会往前发展的。一个激动人心的新闻报道加快了量子退火的发展速度。2015 年年末，谷歌公司和美国 NASA 的共同研究成果被发表了。里面提到了，"量子退火机可以比以往的计算机快 1 亿倍"。按照字面理解的话，这可是非常让人吃惊的内容。

该研究成果证实了量子退火机对组合最优化问题的有效性。由于文章提到了传统计算机的一些弊端，同时又有"量子退火机可以比以往的计算机快 1 亿倍"的过度宣传，所以一时间关于量子退火机的有效性的讨论就更加激烈了。确实，快 1 亿倍的速度是经过缜密验证的结果，是不可动摇的事实，但是在实际应用上却出现了一些问题。

接着，以试一试的心态，继续使用量子退火机时，很多人发现了相当麻烦的事情，那就是量子退火机是否正确地解决了最优化问题呢？是否完美地得出了组合最优化问题的最优解呢？

从门胁和西森的提案开始，量子退火究竟能否有效解决组合最优化问题，这一论点就已经被明确讨论。首先，这个讨论的结果是一定能解决组合最优化问题。只听结果的话，会觉得很了不起。用量子比特解决组合最优化问题是一个大胆的想法，只要施加横向磁场，使朝向横向的量子比特逐渐向上和向下，一通分析下来，我们确实坚信了组合最优化问题最后确实能够解决。

但是，作为解题的条件，需要有一个逐渐切断的横向磁场。横向磁场切断得多慢才好呢？这成了最大的问题。结果发现，如果是简单的组合最优化问题，时间可以很短。如果是困难的组合最优化问题，就需要很慢了。

这听起来是理所当然的结果。关于这个结果，再深入一点来讲，即使是利用了量子退火，难的东西还是难的，听起来似乎打破了人们对量子计算机的淡淡期待。

实际上，面对难度很大的组合最优化问题，即使是量子计算机，也不能很快解决。因此，有时会出现使用量子计算机的话会快1亿倍，或者快1兆倍这样的说法，这是个很大的错误。虽然快1亿倍，或者快1兆倍这样的说法很中听，但是，量子计算机至少不会成为组合最优化问题的救世主。甚至，在这之前一步的情况下的量子退火也是如此。

> 天黑不代表前路无光！只因持续的光明是要靠我们自己争取和创造的！

2.4　量子退火的真相

随着研究的深入，我们发现如果使用量子退火，组合最优化问题解答"只要花上时间"就能得到答案。但是，对于难度大的问题，我们可以预见解决它需要相当长的时间。同时，知道了能解决的事情之后，我们又可以发现新的暂时不擅长的问题的存在。事实上，探究真理的过程是通过从提案到研究，再从研究到新的提案一步步变得清楚的。

世上有各种各样的谜题，比如非常有名的"巡回销售员问题"。具体是这样的：推销员按计划要访问多个城市，每个城市只去一次，要求出推销员的最短路径。这类问题在传统计算机上被认为是非常难解决的问题。那么，如果用量子退火怎么样。很遗憾，我们发现量子退火也很难解决，且需要时间。另外，到目前为止在计算机上需要花费大量精力的问题，在量子退火中同样需要大量的时间来解决。

即使是量子退火，面对之前的难题也有可能很难解决。那么我们可以得出结论：因为我们无法穷极世界上所有问题的所有可能情况，所以总可以找到一个问题的例外情况，唯一不变的就是会不断地有新的难题在等待着人类去面对。

但至少值得庆幸的事情是，量子退火机已经实际应用了，在如上所述的各种批判声中，人类终于可以享受到第一次利用量子叠加状态的结果，并将其用于社会课题的解决上。这一点是没有改变的。

现在的量子退火机的质量和实际需要期待的水平相比，可能还差得远。未来它是否足以改写人类历史还需要时间去考验。面对各种各样的批判，通过量子退火机去研究量子计算得到的成果与构筑量子计算机这一人类梦想同行，一步一步地积累着成果。

接下来，我们来介绍量子退火机的应用情况和各种实际案例。

> 人类第一次使用量子叠加状态，第一次可以体验量子计算的时代。你会怎么做呢？

2.4.1 如何使用量子退火机

首先，好不容易有了量子退火机，所以试着使用一下吧。我觉得重点感受一下气氛比较好。

截至 2019 年 4 月，最新的 D-Wave 机可将 2048 个量子比特排列在 $1mm^2$ 左右的芯片上使用。

这 2048 个量子比特分别可以取 0 和 1 的重合状态。从 1 个量子比特中可以取两种信息的 0 和 1 的重合状态。

从 1 个量子比特中可以重叠两种信息 0 和 1，从 2 个量子比特中可以重叠 00、01、10、11 这四种信息。如果量子比特的数量为 n，就是 2 的 n 次方种信息。如果一共有 2048 个量子比特，则是 2 的 2048 次方种信息，这是一个天文数字。能够处理这么庞大的数据量。这是一个惊人的芯片，可以将如此多的信息量叠加起来保持起来，并从这个庞大的可能性中产生一个结果。而这个结果不是胡乱猜测，而是在寻找最好的选择之后的结果。这就是量子退火机。

那就让我们来实际使用量子退火机吧。登录网址 https：//cloud.dwavesys.com/leap。这个网站是需要用户注册（见图 2.14）的，在日本访问这个网站的话，只要最近（2019 年 3 月末开始）注册，每个用户每月可以使用 1min 量子退火机[⊖]。

在量子退火机芯片的登录画面中，可以填入必要的信息后马上完成登录。

马上登录的话，就会有三个项目出现在眼前，如图 2.15 所示。

在"Learn about Leap and QC"中，有几个说明小视频，概述了这个量子退火机能做什么。这就是所谓的新手教程。

"Run a Demo"是质因数分解教程。在"Run a Demo"中可以看到质因数分解、网络解析、量子模拟的演示。这里进行的质因数分解

⊖ 目前这个网站还没有对中国的用户开放。

是在现在的量子退火机上可以执行的水平上进行的，是徒手计算无法完成的。

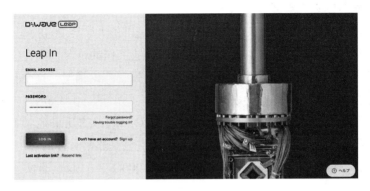

图 2.14　D-Wave Leap 的登录画面

图 2.15　登录后的画面

顺便说一下，执行这个教程需要一些时间。启动后可以先做点其他事情，然后再回头即可。第三个项目是 "Install Our SDK"，它提供了 Python 的相关编程语言库。

另外，具体的处理方法在以后的章节中会进一步详细叙述。顺便说一下，登录后打开的 Dashboard 画面显示了多少时间可以使用量子退火机。

在线即可使用，连续使用时为了避免其他用户的干扰，在空闲时间设置了 1 ～ 10s 的等待时间。如果连续使用的话，在这个等待时间里可能会感觉有点慢。

现行的量子退火机 D-Wave 2000Q 是可以最大装载 2048 个量子比特的结构，但其中也有量子比特不能很好地工作的情况，我在尝试连接的时候，有试过只有 2038 个量子比特可以工作的情况。这个量子比特是在极低温下利用超导状态工作的，但实际上是在 14.5mK（开尔文是以绝对零度作为计算起点，即 −273.15℃ =0K）的几乎绝对零度上工作的。上面显示了实际工作温度，这一点也是非常有趣的。

在"Select QPU Solver"中为"DW_2000Q_2_1"。这是实际使用的 QPU 的名称。

那么，可以试试运行前面刚提到的演示例子。不过不用担心太复杂，实际上和使用 Python 一样简单。演示结果如图 2.16 所示。

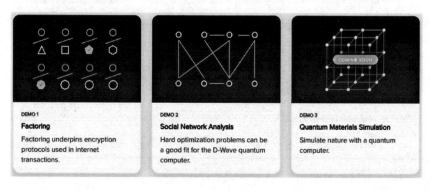

图 2.16　演示结果

首先是初始设定。Windows 也好，macOS 也好，UNIX 也好，都是所谓的终端画面。键入"pip install dwave-ocean-sdk"开始。安装结束后，键入"dwave create config"。

对于每一个项目，基本上用"Enter"和"yes"回答就可以了。关于验证 token，请复制并输入刚才 Web 画面左侧的 D-Wave API Token。

"Default solver"也请指定读者们可以选择的"solver"。例如，在前面
的示例中，可以指定 DW_2000Q_2_1。

完成这些输入后，初始设置结束。QPU 的状态如图 2.17 所示。

QPU 的状态

图 2.17　QPU 的状态

如果看到画面显示"Configuration saved."的话，就说明已经完
成初始化了。那么，用最小限度的代码试着使用量子退火机吧。首先，
读取 Python 编程所需的模块和库。这一点和之前使用 Python 的方法
完全一样，没有什么不同。

import numpy as np

from dwave.system.samplers import DWaveSampler

在这里，我们从众所周知的矩阵运算和数学计算用模块 numpy
和这次安装的 dwave-ocean-sdk 中包含的 dwave.system.samplers 导入
DWaveSampler。

这是指，如果在量子退火机上指定组合最优化问题或指定要采样
的问题设置的 QUBO 矩阵，则需要根据该 QUBO 矩阵输出结果。此
QUBO 矩阵是一个数字表，用于指定相邻量子比特之间的关系。

由于第 1 个和第 2 个量子比特之间存在关系，关系强度为 0.5 左右，
如果希望朝向相同的方向，则可以指定 Q[(0,1)]=0.5。这样，可以在
多个相互关联的量子比特构成的 QUBO 矩阵中，输入希望求解的组合
最优化问题，接着便可以尝试在量子退火机中去解决这个组合最优化

问题。换句话说，只要准备好这个 QUBO 矩阵，就可以很好地使用量子退火机去解决相关问题了。

键入 sampler = DWaveSampler()，按照刚才设定的规格，在 sampler 中读入量子退火机的设定。使用这个 sampler，键入：

result = sampler.sample_qubo（Q, num_reads＝1000）

就可以解决量子退火机中 Q 指定的 QUBO 矩阵的组合最优化问题。而且如 num_reads 设定的那样，解 1000 次。而这一切计算都是在一瞬间完成的。

在使用量子退火机时，可以进行相当细致的设定，除了 num_reads 之外，设置 annealing_time＝20，则可以执行 20μs 的量子退火。20μs 运行 1000 次的总时间是 20ms。几乎在一瞬间执行相应次数的量子退火，输出各种各样的结果。

为了解决 QUBO 矩阵中指定的组合最优化问题，在量子比特上施加横向磁场，量子比特横向倒下后，横向磁场减弱，量子比特逐渐向上或向下。最后在一瞬间，我们感兴趣的 0 或 1 的数字表作为最终的结果又跑回来了。

> 实际上，如果从超过 2000 个量子比特中，看到 1000 个数字在一瞬间出现，应该会很吃惊。

2.4.2 如何看待量子退火的结果

如果实际执行量子退火，你会得到各种各样的结果。键入 result.record["energy"] 的话，可以得到各项具体指标的数值。其中包括组合最优化问题的结果，效率改进了多少，路径缩短了多少等。

乍一看，你会发现不一定有一个结果。确实，我们是通过 num_reads＝1000 指定了执行多少次量子退火，如果做 1000 次的话，理论上是有可能出现 1000 次不同结果的。

但是，在量子退火中，如果慢慢地切断横向磁场的话，应该确实能解决组合最优化问题。这样想的话，如果在 1000 次的试行中出现好几个结果，可能会显得很奇怪。同时，我们注意到，有时也会出现相同的结果，键入 result.record["num_occurrences"] 的话，可以知道以多少频率出现相同结果的次数。

我们应该如何去看待"没有同样的结果"这件事情呢？量子退火只要"慢慢地"切断横向磁场，就能可靠地解决组合最优化问题，并且这个"慢慢"的程度，随着难度的变化而不同，如果问题更难，那就可能操作更慢了。

如果结果十分分散的话，那一定是横向磁场的切割方法太快了，太杂了。如果要执行更慢的量子退火，可以设置 annealing_time，把时间值变大。但是这个改变是有限度的。这就是所谓的相干时间问题，即能维持量子重叠状态的时间是有限的，这个有限的时间导致量子比特的特征不能很好地利用，因此通过设置 annealing_time 带来的改善也是有限的。

那么，我们了解到了量子退火的这个特性，感想如何呢？你会不会觉得量子退火机，不就是个不成熟的不完整的东西吗？量子退火机不是做得不好吗？你可能会有这种感觉。就我个人来说，有时也会觉得量子退火机有点"出师未捷身先死"的感觉，要执行理想的量子退火是相当困难的。

因此，为了尽可能得到组合最优化问题的优化解，在量子退火之后，还需要有进行后处理的功能。要进行后处理，我们可以在 sample_qubo 命令的选项 num_reads 之后，键入 postprocess = "optimization" 就可以使用。

即便如此，对于解决组合最优化问题，在大部分时候是很难得到最优解的。确实，冷静地思考一下，从 2 的 2048 次方里面的无数组合中选出最合适的一个组合，真的是一件非常庞大的工程。人类至今为止对于这样的难题，找到合适的解决方法，有时会产生快速解决的方案——我们一般叫优质的算法。

与此相对，量子退火最擅长的工作方式并不是"针对潜藏在各种现实社会中的组合最优化问题，找到这种适当的解决方法的方向性"，而是"在解决各种组合最优化问题的方向上让你少走弯路，可以说，它具有'广泛的防守范围'"。从这个意义上来说，量子退火是非常方便的，但是它的缺点也很明显，那就是不能得到最优解。甚至我有时候也会想，这真是量子退火的一大败笔啊！

量子退火机一直被宣传为："解决组合最优化问题的机器"。确实，这是一句通俗易懂的宣传语。因为很难的谜题一瞬间就解决了，感觉像是超级快的计算机的技能。实际使用的话，体感也是一瞬间，就像计算时间本身的 20μs 一样，做非常高速的动作也是事实。以这个速度，虽说偶尔会弄错谜题，但是能一瞬间解决问题的话，只要能很好地配合使用的地方，就会成为非常有效的手段。在这一点上，量子退火有很强大的先发优势。

> 实实在在地去使用量子退火机，一起经历失败，放眼未来！

2.5 有了量子计算机后的未来世界

原本，量子计算机是为何而生的呢？一开始，确实是因为想要发明能够快速运算的计算机而生的，但起源有点不同。宇宙中所有的东西都是由原子和分子，甚至是更基本的粒子（日语中，把基本粒子的统称命名为素粒子）构成的。而这一切都是量子力学，即量子重叠的状态和量子纠缠状态，复杂地缠绕在一起，创造出多样的世界。虽然原理大家都知道，但为了了解其中本质，理解我们赖以生存的世界为什么会成为这个样子的，需要借助计算机的力量，又因为计算极为复杂，我们需要更加聪明的计算机。这就是量子计算机作为一个产品，被挖掘出来的最原始的需求。

2.5.1　计算机在社会中发挥的作用

人生只有一次。因为只有一次机会活在这个世界上，所以人在选择上会有烦恼。但是，如果换做是计算机的话，情况怎么样呢？计算机会去试，试一下在这种情况下是怎样的，又试一下在那种情况下会变成什么样，可以试着进行，探索结果会变成什么样，这叫作模拟。在计算机中创造虚拟的世界，尝试各种各样的状况，调查相应的结局。

计算机给我们计算的是进行这个模拟的一部分。举一个简单的例子，如果一个 1000 日元的商品有 100 个的话，那么一共多少钱。即使是单纯的乘法，计算机也会不厌其烦地去模拟仿真。

通过那个模拟仿真，人们可以在实际遇到那个情况之前，事先调查什么样的事情可能会发生。这个例子涉及计算机图形学（Computer Graphics，CG）领域。因为是图形，所以需要用到制作图片和制作视频的技术。如果能在计算机上模拟人眼的功能，那么就可以从外观上制作真正的影像。

其原理是，在计算机的世界中模拟现实的场景，对其本身，光从哪里来，飞到哪里，照射在眼睛上，模拟其动作。它的模拟需要大量的时间，需要计算能力。计算的准确度和利用的原理越接近现实，则越能制作出真实的影像。

虚拟仿真技术使得计算机图形学被广泛运用在电影制作方面，不过，研究开发虚拟仿真的"舞台"也成为重要的技术。例如，在制造汽车、飞机、高铁等高速移动体时，在物体进行高速移动的情况下，可以调查产生怎样的空气流动，冲击波和噪声等对外部的影响，以及乘坐感觉如摇晃等对内部的影响。这一切不需要实地实验，只需要在计算机上制造交通工具就可以了。

关于自动驾驶技术也必须经过验证才能在公路上行驶，所以虚拟仿真是必须的。通过彻底地进行虚拟仿真，能为安全可靠的系统制作做出贡献。计算机作为改变社会形式的巨大动力发挥着作用。

大家想象一下这样模拟的最终形式会是怎样的呢？

> 运行模拟的是计算机。如果在终极计算机上运行的话，会怎么样呢？

2.5.2　量子计算机的作用

计算原理与以往不同的量子计算机，一度被认为是人类，乃至在宇宙中能被制作出来的终极计算机。这是因为量子计算机的理论基础是量子力学。而量子力学被认为是宇宙法则中最根源的东西，量子力学中的量子重叠和量子纠缠状态在量子计算机中发挥至关重要的作用。

量子力学是支配从生物的身体到眼前有物质的全部，乃至整个宇宙空间的法则，可以说是支配全部宇宙的法则。因为量子计算机是基于量子力学这个基本法则去构筑的计算机，所以可以说量子计算机是人类世界终极形态的计算机。

这个终极形态的计算机是通过遵循量子力学这个工作原理来工作的，所以它可以再现遵循其规律的现象。到目前为止，在计算机上，要再现遵循量子力学定律的现象，是相当困难的，因为工作原理完全不同。

打一个比方，假如量子计算机是一个加减乘除四则运算全部都会的机器，那么现有的计算机就像一个不知道乘法和除法，只会加法和减法的机器。用加减法去完成所有高难度的四则运算的计算对一个只会加减法的机器来说，是相当困难的。

到目前为止，在材料开发和制药领域，对原子和分子运动规律的研究变得十分重要，其中有一个课题就是借助量子计算，进行原子和分子的模拟并进行相应的试验。

我们来大胆想象一下，如果在量子模拟仿真中，引入了可以根据量子力学的工作原理进行计算的量子计算机，结果会怎么样呢？首当其冲的就是研究开发效率一定会大大提高！因为量子计算机可以顺利地执行量子模拟。

　　量子计算机的想法产生的初衷是人类未来计算机一定是能够进行量子仿真的计算机。渐渐地，一台填满量子力学规律的，能模拟这个宇宙的终极计算机，就是研究者们梦想着的量子计算机。

　　再后来，量子仿真领域以外的，同样需要非同寻常的计算能力的特殊领域又出现了，这就是质因数分解和探索的问题。说到质因数分解必定离不开量子计算机，讲到量子计算机，又必定离不开质因数分解。这在很多地方都讲到过，一个很大的数，要把它分解成质数，经典计算机需要几亿年，量子计算机却只需要几秒。

> 　　量子计算机的出现加速了材料化学、医药开发技术，乃至宇宙诞生等的研究。

2.5.3　产业界应该关注量子退火机

　　随着材料开发、制药、计算机性能的提高，量子计算机相关的研究开发也在进行。而量子退火机是解决组合最优化问题的，或多或少会觉得不一样。

　　但是接下来我想说的是，量子退火机其实也是非常宏伟的模拟用计算机。量子退火机中使用的量子比特箭头原本是表示磁铁的方向的。当我们对非常小的磁铁横向施加磁场，将会出现什么样的现象呢？这时，量子退火机就可以作为调查的仿真机器进行试验，从而辅助研究工作。

　　磁铁这个词听起来很接地气，也许你会觉得它没什么了不起的。但是，在量子退火机中，这些人造磁铁就用超导电路代替，作为量子比特。通过量子退火机，可模拟分子特性，有望通过计算机数字形式直接帮助研究人员获得大型分子性状，缩短理论验证时间，极大地推动制药行业药品研发和开发新型材料。

　　这样的话，量子退火机不仅是磁铁模拟装置，也可以用于量子模拟。作为进行计算的计算机来说，量子退火机只是具有解决组合最优化问题的功能，所以一度被认为很鸡肋。而且，如果不能确确实实地解决问题的话，就很容易被解读为毫无用处。

但是，如果重新审视量子计算机原本被期待的功能——量子仿真装置，量子退火机的重要性并不亚于所谓的终极量子计算机。这样的话，先研发、后销售、再积累案例也是一个可行的发展路径。研发出具有 2048 个量子比特的量子退火机，然后进行商务销售，获得顾客，积累各种各样的实际例子，这个对于未来的客户来讲也是有很大吸引力的。

最近，随着对量子退火的理解更加全面化，相关人员对这种量子计算机整体的定位、作用、与社会的关系的理解也逐渐加深。研究人员也在继续探索量子计算机的使用方法，努力寻找产业界的需求点。总之，道路是曲折的，前途也是光明的。

我想并没有那么多人想要用量子计算机来解决质因数分解。人们可能更加关注的是，量子仿真，以及一直以来困扰人类的各种高难度计算。这些都可以通过量子计算机来突破，而且量子计算机还隐藏着很多新大陆等待发现。我想这就是量子计算机一直令人们不离不弃的原因。可以说，我们现在离完全成型的理想的量子计算机面世还有很长的一段路要走，但就算是利用了部分功能相似的量子退火机，也有超前进行研究开发的价值。

越来越多的企业迅速洞察了这个趋势，并开始采取行动。

> 具体他们是为了马上盈利，还是为了在未来成为王者，这是价值判断的分水岭。

2.5.4　量子退火机的潜能

从现在大众媒体上关于量子退火机的报道和消息来看，量子退火机被描述的关键字用得最多的就是"快"。比如，有很多媒体报道过的一篇关于谷歌公司和 NASA 的研究成果表示，量子退火机的运算速度可以达到传统计算机的 1 亿倍等。可以说，"快"是量子退火机最通俗易懂的关键词了。总之，大众媒体的很多表述可以解读为量子退火机就是"很快的计算机"的代名词。更有甚者，媒体甚至会在报道中说量子退火机的运算速度可以达到传统计算机的 1 兆倍。久而久之，量子退火机在社会上给人的印象是速度快的计算机。这也迎合了计算机的进化方向——越来越快，快就是好，快就是先进。

但是，正如各位读者所认为的那样，所有量子计算机都是利用量子重叠以及量子纠缠等以往常识难以理解的现象，这是一种性质不同的计算方法。这种使用全新的原理去展望未来，想象空间和研究价值巨大。而我们前面提到的解决组合最优化问题本身，确实也是迄今为止，传统计算机绞尽脑汁都没有完全解决的问题。

解决组合最优化问题有很大的价值，但这只是量子退火机众多技能中的一项。量子退火机最初被宣传为解决组合最优化问题的专用机器。那是因为量子退火的原理一开始就是为解决组合最优化问题而生的，其通过排列量子比特，实现了量子退火。它最初是有价值的，因为它排列了量子比特，达到了执行量子退火的目的。

当人们逐渐意识到这是一台量子退火（试图执行而失败）的机器后，这台机器也逐渐被理解为能够解决组合最优化问题的机器。但是，如果仅仅看到这一部分的信息，那就会陷入"一叶障目，不见泰山"的困境中了，你就无法领略量子退火机的真正价值。

从这里开始，我们来近距离感受"量子退火机之美"。感受量子退火机一些新的应用场景。

实际上，量子退火机完全可以不是"解决组合最优化问题的机器"，而是可以对出现的宣传语句进行采样的机器。这是模拟技术之一。如果尝试中有这样的情况，会有什么样的结果，反复进行很多尝试，输出可能的模式，这叫作采样。因为是进行采样的机器，所以量子退火机不知什么时候被宣传为"采样机器"。采样又叫取样。取样是指从总体中抽取个体或样品的过程，也是对总体进行试验或观测的过程。其又分为随机抽样和非随机抽样两种类型。举个例子，如果出现了某种情况，那就试着看看在这种状况下，会有什么样的结果，反复进行大量的尝试，输出可能的模式。由于在采样过程中使用了量子退火机，因此不知不觉间，量子退火机又被宣传为"采样机"。

在量子退火机器中，通过 QUBO 矩阵，可以指定量子位之间具有关联性。那是为了把谜题的问题传达给量子比特。但是，假设量子比特之间以"相关"的形式存在关联性的话，那么这个量子比特会出现什么样的结果呢？我们可以通过多次测试的方式进行使用。

比如，股价预测等，针对股价变动等充满概率性、难以预测的问题，参考之前的相关情况，试着判断下一步会有怎样的倾向，并通过采样来探索今后的动向（见图 2.18）。实际上，日本东北大学和野村资产管理公司进行的共同研究证实了这种方法的有效性。

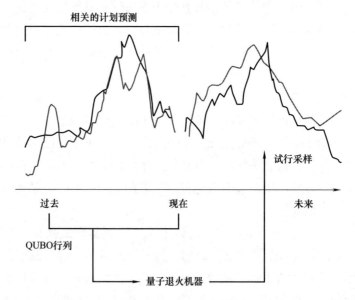

图 2.18　根据过去和现在的数据预测未来股价

这种采样方法是模拟技术的一种，作为意外的使用方法，可以调查"解决组合最优化问题最优解"这件事本身的价值。

再举个例子，关于优化日程安排的问题。在日程安排问题中，我们需要根据人员的分配和时间的各种限制，制定出最优化的日程安排。但是，如果因为不可预测的事态出现了空缺，或者日程的一部分从一开始或者中途就出现了迟滞的话，该怎么办呢？原有的最佳答案有可能会突然变得毫无意义。

量子退火机可以在 20μs 左右求得一个解。进一步指定 num_reads＝1000 的话，可以进行 1000 次试算，也就是进行 1000 次采样。比较一下这些解，就会发现它们或多或少会与最佳解有所不同。

也就是说，从量子退火机得出的解是一个稳定的解，即使伴随着些许变化，性能也不会发生变化，即应对突发情况的能力很强。如果正好相反，只是一味地追求最优方案，而偏离了"突发应对能力"的答案，那么其方案的评价值就会非常低。因为，在这种情况下，你会发现自己在面对突发事件时的应对能力非常有限。我想尽量避免这种情况的发生。大量的证据表明，从量子退火机得出的解，相对来说具备相对比较稳定的解的特质。

在这里，我们给它起个名字，姑且就叫作"量子退火机解的特质"，它是通过量子退火机的输出得到的与以往不同质的计算能力的新的应用场景的一个典型例子。当然，目前为止，传统计算机也能执行采样技术，只不过传统计算机存在一定的瓶颈，起码在运行速度上是相对慢的，这在客观导致了处理同一个问题，传统计算机需要非常长的时间。

与此相对，量子退火机的计算速度就发挥了作用。对于还不擅长得到最优解的量子退火机来说，这是一个好消息。在这个意义上，使用完量子退火机之后，才真正领略到了量子退火机的价值。

变化有时候是常态，尤其在制造业中，状况的变化是不可避免的。搬运货物的时候，如果有工人进入的话，就需要突然停下来。在流通领域，随着天气的变化，有时不得不比预想的移动速度慢。交通相关的问题也是如此。比如，如果前面的电车晚点的话，受其影响的其他电车也会晚点。

在用量子退火机解决这些问题之前，传统的计算机也会具体考虑这些延迟的部分，并努力找出优质解。使用了量子退火机之后，量子退火机利用重叠的状态，由于其具有一定的模糊性，0 或 1 每次尝试都会出现不同的结果，这正好使量子退火机在这一领域有用武之地。

就像考虑到延迟一样，即使由于预想之外的状况发生了一些变化，结果也不会有太大变动，这是量子退火机的解的一个显著的特性。

我个人认为，这种性质的天然存在决定了量子退火机的命运。

对量子退火机的态度，我们可以拿两类人做对比：一类是评论家；另一类是实干家。我们一定不要做一个评论家，一个只看"可不可以解决组合最优化问题"这句话，单纯地认为"量子退火机和现有的传统计算机相比没有什么大的性能突破"的评论家；我们应该去当一个实干家，直接去实际尝试，如果不顺利的话，就寻找下一个可能顺利的做法。也就是说，我们应该去成为彻底调查"这些相关技术路线到底可不可行"的当事人。然后实实在在地站在现场，用自己的眼睛看，用心去得出结论，就会有很多收获。我相信这样的研究态度必将获得巨大的先行者优势。

以寺部先生为首，我和我所在的日本东北大学的研究成员，就是以这个态度为指导方针，进行量子计算机和量子退火的研究的。

> 当我们使用量子退火"机器"时，我们才知道，这符合工业的需求。

2.5.5　未来工厂的样子

寺部先生等日本电装公司的成员和我们日本东北大学的成员共同

研究的成果，正是使用了量子退火机特有的使用方法，即工厂内无人搬运车的最优化。

以日本电装公司为例，许多日本企业每天都在开发各种各样的产品，在工厂中，在产品开发作业本身和运送成品的搬运过程中，自动搬运产品的无人搬运车（Automated Guided Vehicles，AGV）和各种机器人都很活跃。使用这些工具，最重要的前提当然是安全。但是我们的目标是高效率地运送更多的产品，从而推进工作。于是，我们要在保证安全的前提下，最大可能地提高效率。什么都不做的话基本上是安全的。无论做什么事，只要慢工出细活，就能保证安全。但是随着工作效率的提高，对速度的要求也越来越高，其代价就是安全性的降低。这两个要素，有没有最优的平衡点呢？这就是我们研究小组直面的问题。

经过讨论，我们决定使用量子退火，创建一种系统，让无人搬运车在当下选择最好的行动。图 2.19 中描绘了在工厂中纵横穿梭的无人搬运车。图中正方形的点是无人搬运车。无人搬运车沿着黑线行驶，每辆无人搬运车都有自己的任务，目的地也与之相对应。无人搬运车以同样的速度移动，在同一条路上前后移动时，绝对不会发生碰撞。但是，如果中途与其他无人搬运车同时进入十字路口，就有可能发生碰撞。在这种情况下，应该优先选择哪一辆无人搬运车呢？虽然是基于规则，但以往的方法都是根据事先确定的规则来决定。

在图 2.19 所示的例子中，无人搬运车的运转率最多只有 80% 左右。路上画着大小不同的圆圈，这表示等待时间的累加之和。圆圈越大表示等待时间越长。实际上，这张图片是从视频中剪切出来的，随着时间的推移，等待的时间会越来越长。

针对这个课题，我们在世界上首次尝试通过量子退火来控制无人搬运车的动作。最终，我们成功地将无人搬运车的使用率提高到了 95%。如图 2.20 所示，圆形符号的数量和大小都呈飞跃性减少。

那么，你一定很好奇，这项研究成果是如何产生的？在电装公司的工作人员提出课题后，我参观了无人搬运车的实际运行情况。实地考察了无人搬运车是如何操作的，找到问题的瓶颈在哪里，有什么限制，自己的改善方案有多大的余地。在电装公司各个部门同仁的大力协助下，我们最终实现了这个新的研究成果。不要以为听了就理解了，要去实际的现场，去感受现场，我们研究人员要具备这个意识。

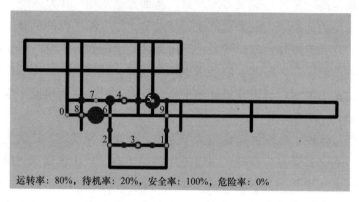

图 2.19　无人搬运车的情况示意图

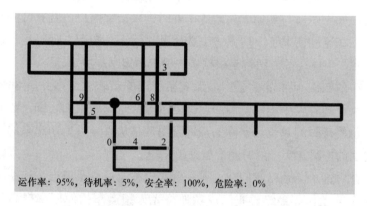

图 2.20　经过改进之后，无人搬运车的情况示意图

那么，我们对于无人搬运车的解决方案里面，应该采取什么样的行动呢？考虑到需要瞬时应对突发变化，我们就像需要每 3s 就能根据变化的情况，瞬间判断无人搬运车下一步应该采取什么行动一样，从量子退火机器中得出组合最优化问题的答案，并让它输出。在这里不追求最佳的解，而是让量子退火机探索大致的解，从而利用了量子退火机的真正价值。

　　从量子退火机器输出很多可能的结果，我们可以理解为所谓的"候选答案库"。从"候选答案库"中，最终选择了无人搬运车后续应该采取的行动。这时要注意"量子退火机解的特质"，就算情况稍有变化，也不会动摇解的有效性。"量子退火机解的特质"保证了即使在工厂等发生特殊的变化时，只要充分保证安全，这个解依旧有效。例如，货物倒塌、有人闯入、无人搬运车本身发生故障等情况，即使是突如其来的状况变化，系统也必须能够接受细微的变化。

　　我们对量子退火机各种各样的解答进行调查分析后发现，其得出的解都有这样一个特点，即量子退火的解对于整体等待时间的减少是有效的。另一方面，我们的解决方案不是让量子退火机一次性就决定无人搬运车的全部动作。为什么呢？因为工厂现场的突发状况是千变万化的，变化状况无法穷极，行动方案也无法穷极，同时，工厂的无人搬运车的数量是有限制的，一旦数量改变，解决方案也需要调整。取而代之的是，根据情况的变化，将需要解决的问题提示给量子退火机器，并让它在瞬间做出响应，得出相应的解答。这样一来，就可以解决考虑到很多无人运输车的行动和路径的组合最优化问题。我们的研究团队在公开的演讲和学术论文上设定的量子退火机的运算单次时间是 3s 一次，展示了其有效性，但是实际操作是，量子退火机器在不到 1s 的时间内就能输出结果，因此可以在更短的时间内对无人搬运车进行控制。以更快的速度控制多辆无人搬运车纵横驰骋的时代，正在一步步逼近人类，未来，工业领域一定会出现大批无人搬运车高效运作的景象。

与此同时，其他相关产业的动作也很快。同样来自汽车行业的宝马公司介绍了利用量子退火优化机器人涂装过程的案例。今后，还会有更多的案例出现。

> 未来的工厂将通过量子计算机进行优化，目前第一步已经迈开了。

本章小结

（1）量子计算机。

1）可利用量子叠加状态获取多个可能性。

2）通过利用量子纠缠有效地缩小范围，有时可以采用高速的计算方法。

（2）利用相关的量子原理，以质因数分解为首的一部分的计算可以高速执行。

（3）量子计算机原本就是为了执行量子模拟而被热切期待的机器，假以时日，制药、材料开发、宇宙真理的探究等研究开发加速的时代将会到来。

（4）量子退火是利用叠加状态求解组合最优化问题的方法。

（5）量子退火机出现以后，量子退火的价值不仅局限于解决组合最优化问题。

1）如何执行量子模拟。

2）通过采样获得"质量"良好解的方法的变迁。

（6）利用量子退火的"解的特质"，开始制作安心安全、效率高的工厂系统。

附录

量子计算机迎来了发展的新时代——从测试进入商业化

Bo Ewald
董事长
D-Wave 国际股份有限公司

量子计算机迎来了发展的新时代——从测试阶段进入商业化阶段。

我们在 2011 年推出了拥有 128 个量子比特的世界上第一台商用量子计算机，之后又陆续推出了拥有 500 个、1000 个、2000 个等更多量子位的量子计算机。我们在计算机中采用了约 20 年前由东京工业大学的西森秀稔教授和门胁正史博士提出的新型量子计算机架构——量子退火。

自从机器开始发售以来，很多企业都购买了这台机器并在云上使用。最早购买 D-Wave 机器的是 Lockheed Martin 公司和南加州大学（USC）的信息科学研究所，其次是谷歌公司、NASA 艾姆斯研究中心和大学宇宙研究协会（USRA），接下来是 Los Alamos 国家实验室。另外，包括橡树岭国家实验室、大众汽车、丰田通商、电装、瑞克通信、野村证券以及一些大学在内的约 40 个机构与我们签订了协议，致力于在云端进行 2000 个量子比特的相关研究。

2019 年，关于量子计算，特别是在日本，对量子退火的关注和开展速度比世界上其他国家都要快。D-Wave 在云端有半数以上客户是日本的企业和组织。

现在，这些客户已经开发了大约 100 个原型应用。其中大约 50% 是组合最优化问题，20% 是机器学习问题，10% 是材料科学和其他领域。在这些原型应用中，D-Wave 机器在性能和解决方案的质量方面已经接近甚至超过了传统计算机。

但是，现在的 D-Wave 机器所能处理的变量的数量还不够大，不足以运行复杂的实际问题。例如，2017 年大众汽车在北京出租车路径优化中使用了 1000 个量子比特的 D-Wave 机器。北京出租车的数据大约有 1 万辆，直接用 D-Wave 机器解的话数据量太大了。以往，我们都是利用计算机对问题进行分割，集中计算从市中心开往机场的约 500 辆出租车的问题。可处理的问题不仅是硬件的进化，这种与传统计算机的混合技术也会增加。

这些 D-Wave 用户的原型应用程序的详情来自 D-Wave 用户会议 QUBITS 和 Los Alamos 国家实验室的 Rapid Response Project，以及电装应用的视频演示，可浏览相关网站。请一定要去感受一下 D-Wave 机器的可能性！

第 3 章

量子计算机改变汽车和工厂

面对汹涌澎湃的技术和价值观的变化，汽车和工厂也正处于发生巨大变化的时期。这些变革和量子计算机结合起来到底会产生什么呢？

接下来的一章中，我们将来介绍这个话题相关的内容。

正如前文所述，全世界的人们都在为量子计算机的巨大潜力展开各种各样的实证实验。但是，谁也不知道量子计算机在未来有多大的市场。正因为如此，才会怀抱远大的梦想不断挑战。作为挑战者之一，我将介绍以本人所从事的行业——汽车行业、制造业为主题的挑战。为了帮助对业界不太了解量子计算机的人更好地去理解，我们先从业界的动向开始介绍，这一章中，我会扩展一部分除了量子计算机以外的业界相关知识。本章主要有两节内容，3.1 节将介绍汽车的未来，3.2 节将介绍工厂的未来。

3.1 量子计算机改变汽车的未来

3.1.1 支撑汽车发展的微型计算机

大家可能听说过，在汽车上装有各种各样的微型计算机。在一些高级车里面，甚至多达 30 多个微型计算机。那么这些微型计算机有什么用途呢？这里面又有很多的场景和系统：发动机控制、智能车门车窗、导航系统、自动制动等，如图 3.1 所示。随着汽车性能的逐步提升，微型计算机的数量也在增加，CPU 的处理能力也在逐年提高。

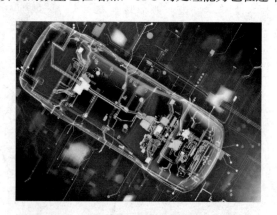

图 3.1　装有越来越多微型计算机的汽车

最近，自动驾驶技术有了很大的进步，为了实现更高处理能力的自动驾驶技术，人们开始研究被称为 GPGPU 的能够高速处理大量信号的新处理器。GPGPU（General-purpose Computing on Graphics Processing Units，通用图形处理器），是一种利用处理图形任务的图形处理器来计算原本由中央处理器处理的通用计算任务。这些通用计算常与图形处理没有任何关系。随着革命性的计算机技术的引入，汽车的功能和性能也在不断提高。今后随着计算机的进化，等待汽车的将是怎样的未来呢？

3.1.2　汽车行业百年一遇的变革期——自动驾驶的前方

大家知道汽车行业正处于"百年一遇的变革期"，轿车在日本上市销售才 100 年左右，所谓百年一遇的变革，可以说是轿车首次进入人类社会以来面临的巨大变革。这一变革的根源在于电动汽车、车联网以及无人驾驶（见图 3.2），这是社会上经常提及的关键词。听了这么多，你可能会想："什么嘛，不是经常听吗？"但是，这些实际上并不是单纯的技术革新，而是会改变整个市场的巨大变化。这一市场变革的源头是车联网，即汽车与互联网的连接。如果汽车与互联网相连，那么汽车作为服务的应用领域将会比以往更加广阔。

下面以无人驾驶 + 车联网为例进行介绍。如果街上到处都是无人驾驶的自动车辆，会怎么样呢？或许我们可以在人口不足、人烟稀少的地区提供人员和物品的运输服务。

设想一下在电动汽车 + 车联网的世界，日常街上到处都是一块块高速移动的"电池"。也许会有更多新的电力运输服务的使用场景被发明出来，创造出电力输送服务的新事业。

正如上述例子所示，无人驾驶汽车、电动汽车、车联网将成为汽车价值从"物"向"物 + 服务"转换的契机。简单地说，就是从汽车本身作为商品的世界，扩大汽车本身以及将汽车作为工具的服务的市场价值。在 2016 年巴黎车展上，梅赛德斯奔驰将电动化、自动驾驶、车联网三种技术与 Shared & Service（共享 + 服务）理念结合，使用

CASE（Connected、Autonomous、Shared & Service、Electric）来发表他们的中长期构想。CASE 主张将汽车的价值扩展到服务领域。这已经成为汽车行业的共识。

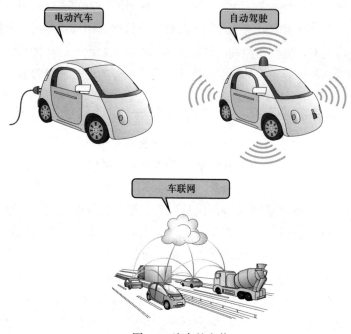

电动汽车

自动驾驶

车联网

图 3.2　汽车的变革

　　汽车在服务领域的应用被称为 MaaS（Mobility as a Service），这在汽车行业掀起了热潮。UBER Technologies 公司是服务领域发展势头良好的典型案例（见图 3.3）。这家公司虽然是一家提供出租车召车服务的公司，但仅仅成立 5 年半，其市值就超过了通用汽车等大型汽车制造商。UBER Technologies 的案例在汽车行业引起了震动，让人感受到了汽车服务市场的巨大潜力。

　　刚才已经说明，这个车联网服务是汽车通过无线连接到互联网的，以互联化为源泉而发生的。汽车的互联化指的是汽车的物联网（Internet of Things）化。

图 3.3 UBER Technologies 公司的汽车服务

在此，我对物联网进行简单的说明。物联网，顾名思义，就是将各种事物通过互联网连接起来。以身边的例子来说，由于空调器与网络连接，从外面回到家的 10min 前就可以用手机打开家里的空调器，到家的时候房间里已经凉快了。

其结构如图 3.4 所示。智能手机发出的对空调器的控制指令请求，会通过通信发送到被称为云服务器的中继点。之后，云服务器再次通过通信向空调器发出控制指令。这种构成物联网的系统被称为网络物理系统（CPS）。像手机和空调器这样发出指令或被控制的东西，被认为是存在于实际世界的物理空间中。与此相对，服务器上的数据是将物理空间转存到数字世界的虚拟空间，即网络空间。

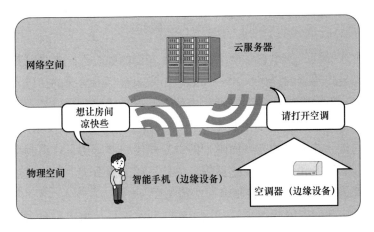

图 3.4 用物联网创造的网络物理系统（CPS）

如果回到车的世界，从物理空间的多辆车和人那里得到的工作指示等数据会传送到网络空间，在网络空间经过某种处理后再传送给物理空间的车和人，这就是车联网。

那么，物联网将会如何发展呢？哈佛商学院的迈克尔·波特教授在其著作《互联时代的竞争战略》中提出了如图 3.5 所示的物联网功能的发展蓝图。物联网将分阶段发展。首先第一步是数据可视化监控，将传感器放在各种各样的地方，将数据可视化监控。第二步是，获取数据后，根据数据采取相应的行动的控制。第三步是控制最优化，使用简单的控制，然后对数据进行高级处理，进行最优控制。第四步是自动化，在达到高度控制的程度后，就可以实现系统自动化了。

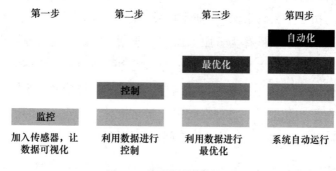

图 3.5　物联网的发展蓝图

刚才提到的汽车物联网的世界又是怎样的呢？汽车本来就是一个装有大量传感器的庞然大物。例如，作为观察车内情况的传感器，包括速度、方向盘转向角度、发动机状态监视等传感器。作为观察车外情况的传感器，包括为了自动控制刷水器而检测雨量的反射传感器，为了调整导航屏幕的亮度而附带的日光照传感器，为了自动制动而监视前方的行人和障碍物传感器等。另外，前方摄像头、激光雷达、毫米波雷达等，也可以监控很多周边信息。

从物联网发展蓝图来看，汽车物联网应该是在第二步左右，即使用这些传感器群的各种应用开始被提出。汽车物联网在不远的将来，第三步的优化也将成为创造价值的源泉。在这里，"不久的将来"和"最优化"这两个关键词让人想起了量子计算机。汽车物联网和量子计算机将在这里连接起来。如果是物联网，就可以在云上使用体积庞大、无法装在车上的量子计算机。那么，作为物联网的事例，让我们以笔者在泰国曼谷进行的解决交通堵塞的实证实验为例进行说明。汽车物联网如图 3.6 所示。

图 3.6　汽车物联网

3.1.3　曼谷不再堵车——量子计算机将梦想变成现实

世界上的车辆保有量每年都在增加，与此同时，交通堵塞也成为一个大的社会问题。以世界上屈指可数的拥堵城市曼谷为例，57% 的驾驶时间是停车时间，一年就造成 21 亿小时的损失。另外，由于交通堵塞，造成紧急车辆无法及时到达，生命得以挽救的可能性大大降低，二氧化碳排放量每年增加 100 万吨等巨大负面影响。因此，如果能减少交通堵塞，不仅能带来经济效益，还能保护生命和环境。日本电装、丰田通商、THAILAND（NETH）三家公司开始了解决交通堵塞的交通流优化实证实验。

NETH 公司以缓解曼谷交通堵塞为目的，推出了高精度交通堵塞预测信息通知应用 T-SQUARE。T-SQUARE 在曼谷市内的出租车、卡车等 13 万辆商务车上安装了专用发报机，作为边缘设备，并将时间和位置信息收集到云端并加以利用，如图 3.7 所示。由于商用车 24h 穿梭在包括小路在内的所有道路上，所以探测数据的网罗率非常高，而且 T-SQUARE 独创的分析技术可以实现高精度的堵塞预测。

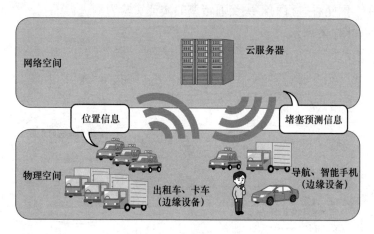

图 3.7　用 T-SQUARE 预测交通堵塞的网络物理系统

通过提供交通堵塞预测信息，T-SQUARE 已经在一定程度上缓解了曼谷的交通堵塞。但是，仅靠交通堵塞预测信息，在交通堵塞的情况下，大家都往同一个方向躲避，躲避的方向又会发生交通堵塞的连锁反应，这样的例子也不少。这是因为每个人都希望自己能最早到达，为了避免堵车，汽车会集中到下一个最早到达的路线，如图 3.8 所示。另一方面，不是想着"自己最快"，而是想着"大家都快去"，每个人会怎么做呢？其实根据情况不同，堵车的情况也会有所缓解，个人也能提前到达。也就是说，要想从根本上解决交通堵塞问题，必须对交通状况进行整体优化，而不是个人。

通过分散街道上车辆的路径来消除堵塞的问题可以作为最优化问题来处理。例如，每辆车都有三种候选路径，那么就可以定义为在每辆车的路径组合中求出重复最少的组合，也就是堵塞最少的组合。在这个例子中，一辆车有三种情况，所以两辆车就要计算 9 种（3 的二次方）的组合。10 辆车有 6 万多条路（3 的 10 次方），20 辆车有 35 亿条路（3 的 20 次方），30 辆车就有 200 万亿条路（3 的 30 次方）。像这样，数字根据数量 N 的 N 次方增长，用指数函数增大来表示，这种增长方式会引起计算量的爆发。

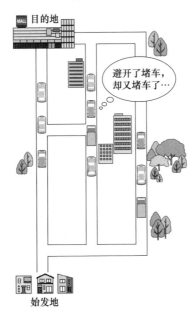

图 3.8　交通堵塞的连锁反应

　　通过模拟计算解决交通堵塞的情况下，传统的计算机计算稍有不慎就需要一个月以上的时间。如果我们能通过使用量子计算机可在 1min 左右的时间内解决这个问题，那么过去只是单纯的模拟计算就会变成能够实际控制街道上的车辆，解决交通堵塞的系统，如图 3.9 所示。这些都有可能改变。

　　我在这里举了一个解决交通堵塞的例子，但这不仅是解决交通堵塞的问题，而是把过去因为计算时间太长而无法实现的幻想世界变成现实。

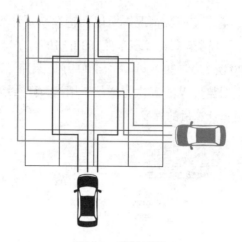

图 3.9　路径示例

如果将其理解为量子计算的话，就会发现其中隐藏着很多可能性。

3.1.4　未来的汽车系统

以下列举的未来汽车的系统有：以共享经济为发端的共享汽车，活用多种交通工具的多式联运系统，以及谁都能享受交通的最后一英里⊖/第一英里的世界。另外，我还将介绍物流量增加的问题。这些不仅包含了大量的优化要素，而且随着对象人群和交通工具数量的增加，有可能实现更高效率的运营，同时也会引发计算量的爆发（见图 3.10）。因此，量子计算机有可能做出巨大贡献。

3.1.5　共享经济引发的变革——汽车共享

世界已经从拥有物品的时代转变为共享的时代。例如，通过 Airbnb（爱彼迎），普通人可以把闲置的房间出租给别人；通过 Mercali 公司的 mercari 等平台，自行车可以随时租借；通过 DeNA 公

　　⊖　1 英里 =1.609344 千米，后同。——编辑注

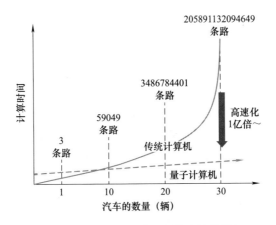

图 3.10　解决交通堵塞问题的计算量爆发

司的 Anyca 平台，个人汽车可以实现汽车共享。共享经济的本质是改善物品的使用率。据说个人拥有的汽车的运转率只有百分之几。假设开车上下班单程要花 1h。到达工作地工作的 8h 里一直停在停车场。回到家后的晚上，或者睡觉的时候，车也一直停着。因此，在这种生活方式中，24h 中只有 2h 汽车是在运转的。说得极端一点，如果 12 个人共享这辆车，每个人使用 2h，那么持有成本可能只有原来的 $\dfrac{1}{12}$，如图 3.11 所示。这种有效利用资产的活动今后也会扩大。这也是一种最优化，或许未来量子计算机也能制造出这样的东西。

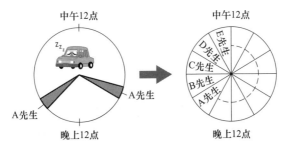

图 3.11　汽车共享

3.1.6 拼车

汽车共享服务类型除了共享汽车之外，还有拼车的方式。拼车在日语中表达为"共乘"的意思，是指乘坐出租车时，目的地相似的乘客同乘一辆车。当然，大多数情况下拼车的路线都与个人的最佳路线不同。因此，虽然在时间上有缺点，但通过共享费用负担，费用会降低。而且，共享的人数越多，费用就越低，如图 3.12 所示。

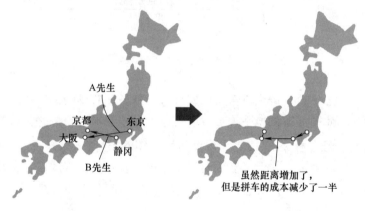

图 3.12　共享拼车

像这样，候选数量越多，对人和路径的要求越匹配，效率就越高。每个人的想法不同，如何平衡费用和时间的最佳值也不同。如果能够实时实现让每个人都满意的最优化，就有可能提供越来越好的服务。

3.1.7 多式联运系统

实际上，拼车对于公共汽车和电车等公共交通工具来说是理所当然的想法。因为大家共享出行，所以比出租车便宜得多。考虑一下乘坐公共交通工具的话，如果要去很远的地方，就会换乘，或者从电车换乘新干线，下车后再乘坐公共汽车。如果对拼车进行深入研究，就会发现不仅是汽车，还可以利用公共交通工具实现换乘的最优化。这种换乘多种交通工具的系统被称为"多式联运系统"，其在北欧已经开始正式运营了。例如，从一个地点到另一个地点的电车、公共汽车等都被系统纳入考虑范围，通过系统可以获取综合的乘坐方案，费用也可以统一支付非常方便，如图 3.13 所示。

图 3.13　多式联运系统

但是，已经运行的多式联运系统，只是提供换乘提示和支付，并不能提供打车服务。因此，如果连换乘目的地的共享汽车到达时间和路径都优化的话会怎么样呢？或许只有拥有量子计算机才能有如此大胆的想法。

3.1.8　最后一英里 / 第一英里问题

在日本，老年人占总人口的比例正在不断增加。老年人中也有很多人因为害怕发生事故而主动注销驾照。但是，在没有公共汽车等公共交通工具的情况下，如果注销驾照就不能出门了。这被称为最后一英里 / 第一英里问题（见图 3.14）。这句话的意思是，从家到公共交通车站的 1 英里路程是一个课题。但是，每次打车成本太高。因此，无人驾驶汽车的实际试验已经开始，无人驾驶汽车不需要驾驶员，将来也有可能实现低成本化。随着时代的到来，汽车和公交车将为满足这些个体的需求而无数次地行驶，为了降低运行成本，缩短等待时间，提高服务质量，必须优化运行计划。通过量子计算机实现这样的系统，或许将成为为所有人提供出行乐趣的关键技术。

图 3.14　最后一英里问题

3.1.9　物流

随着网上购物的增加，物流量每年都在增大。与此同时，由于指定时间和重新配送等要求的增加，快递员们的负荷与日俱增。此外，时刻变化的交通堵塞也增加了配送的困难，因此提高配送效率是一大课题。

最近，以配送效率化为目标，已经有公司开始研究利用无人机的配送、货客混载的配送（在公共汽车中混合移动客人和行李）、自动驾驶车配送、使用个人车的配送等各种各样的配送方案，如图 3.15 所示。

如果量子计算机能够在使用各种手段的同时，实现准时送达的最优化，那么送达成本将会大幅降低，我们有望创造出能够应对更多物流量的未来。

3.1.10　量子计算机发展展望

如上所述，量子计算机有望应用于各种新型移动服务。那么，今后的世界会是怎样的呢？

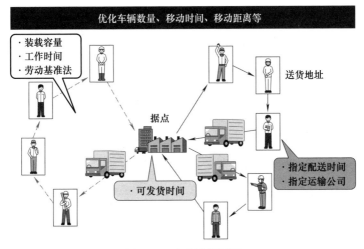

图 3.15　配送计划问题

以 2018 年 1 月的 CES 和 9 月的 ITS 世界大会为代表，笔者在很多地方都向人们展示了计算机所开创的未来的可能性。结果，来自美国、印度、新加坡、韩国、澳大利亚等不同国家的人们反响热烈。例如，交通的最优化是从城市设计开始的，因此可以通过建筑布局、道路设计等方式实现城市的最优化。这是一个非常有趣的想法，从更高一层来理解交通。也有人说，如果避开交通堵塞，就能保证食品配送的新鲜度。这是一种消除堵塞后创造新价值的思考方式。也有人说，不仅是为了避免交通堵塞，作为避免交通堵塞的路径，如果能创造出一条能让人有新的发现和快乐体验的路径，那岂不是很有趣吗？这是发现用户体验的价值，符合世界潮流的新思考方式。

我认为，正是因为各行各业的人们都看到了量子计算机应用的可能性，所以才会出现这样的创新（见图 3.16）。从这里，我感受到了一件事：所谓最优化，就是多种价值的组合。就拿交通堵塞来说，如果把它看作是改善城市的一个部分，那么它就是城市的最优化；如果把它看作消除二氧化碳、改善环境的一个部分，那么它也可能是组合其他环境因素的系统。

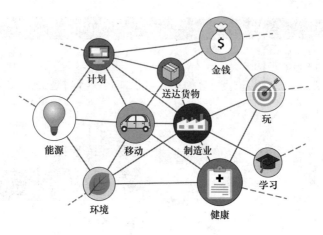

图 3.16　由量子计算机连接的未来

综上所述，优化的广度是多方面的。以至今为止的计算机能力，可能只能处理这个多面世界的一部分。但是，拥有量子计算机的人类，似乎也获得了挑战这个多面世界的权利。我有预感，通过后面介绍的各种方法，以及本书读者们的创意的结合，将创造出一个有趣的世界。

附录

无法车载的量子计算机

由于我一直从事汽车行业，在遇到量子计算机后，我首先想到的是，有没有可能在汽车上安装量子计算机？

物理学家回答说："至少在 10 年内，汽车大小的民用量子计算机都不会出现。"无论是门模型还是退火模式，体积都会非常大（见图 3.17）。为什么量子计算机会变成 3m 高的大箱子呢？

这是因为目前能够大规模制造的量子计算机全部都是由超导物质构成的。这种超导物质必须冷却到被称为绝对零度的零下 273℃附近才能工作。准确地说，再高一点的温度也能实现超导，但为了将噪声减小到极限，需要进一步冷却。

图 3.17　退火量子计算机 D-Wave 机器大小

实际上，量子计算机的黑色大箱子几乎都是一个大冷冻室。要想装在车上，就必须把冷冻室做小（见图 3.18），或者用超导以外的方法制造量子计算机。目前正在研究在超导以外的常温下运行的使用光的量子计算机，但还处于原理验证阶段，距离能够使用的计算机问世还需要一段时间。我很好奇，在我有生之年，车载量子计算机真的会出现吗？

图 3.18　载有量子计算机的未来汽车

3.2 量子计算机改变工厂的未来

2018 年 9 月，在美国田纳西州诺克斯维尔举行的量子退火应用国际会议 QUBITS2018 上，我们演示了日本电装公司和日本东北大学合作研发的系统——实时提高 AGV（自动导引车）利用效率的系统，在会场上掀起了一片波澜。这个系统使用了 D-Wave 的机器。这在当时是非常罕见的，让人感觉到量子计算机的实用化就在眼前，是非常接近现实的演示。

现代的工厂是众多机器人之间以及机器与人之间配合进行生产的尖端技术的集合。其中负责搬运的就是 AGV（见图 3.19）。多个 AGV 在与生产计划协调的同时分工工作，每天都在高度的控制下运转。随着工厂的发展，AGV 的数量也会不断增加，生产效率也会进一步提高。在实证实验使用的系统中，可以称为"AGV 线路"的 10 台 AGV 在遍布工厂地板的磁带上来回奔跑。像这样多个 AGV 来回运行的系统，在汽车、食品、仓库等工厂内物流中经常可以看到。在多台 AGV

图 3.19　运送零件的无人搬运车的样子

运行的系统中，工厂内的十字路口会发生交通堵塞，这与汽车在道路上引起的堵车现象相似。也许量子计算机可以帮助解决工厂内的交通堵塞问题。

实际上，工厂的世界正处于一个日新月异的高速变化时代，将在后文介绍。在这种变化中，大量的先进技术将成为支撑工厂的主力。

其中，由量子计算机主导的未来工厂会是什么样的呢？本节的内容是在与日本电装公司的同事，生产革新中心的石原香、中村耕平、松石穗、西川修、萩原隆裕 5 位（见图 3.20）挑战未来工厂的成员的讨论的基础上完成的。

图 3.20　日本电装生产革新中心成员与作者寺部

（左起：西川、松石、中村、作者寺部、石原、萩原）

3.2.1　工厂处于瞬息万变的时代

如图 3.21 所示，工厂面临着五大因素的叠加，正在发生巨大的变化。接下来将依次介绍这些内容。

第一个变化是市场的变化。今后，根据个人喜好定制的商品会越来越多。例如，阿迪达斯公司推出的 MiAdidas 提供个人设计鞋子的服务，曾大受欢迎（现已停止服务）。如果能以和既成品差不多的价格做出属于自己的设计，很多人都会想要选择那个商品吧。今后不再需要大量生产少品种，而是需要大量生产多品种的结构。

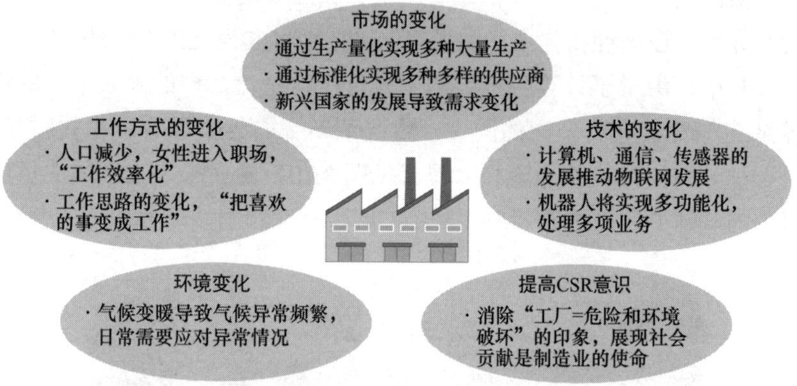

市场的变化
·通过生产量化实现多种大量生产
·通过标准化实现多种多样的供应商
·新兴国家的发展导致需求变化

工作方式的变化
·人口减少，女性进入职场，"工作效率化"
·工作思路的变化，"把喜欢的事变成工作"

技术的变化
·计算机、通信、传感器的发展推动物联网发展
·机器人将实现多功能化，处理多项业务

环境变化
·气候变暖导致气候异常频繁，日常需要应对异常情况

提高CSR意识
·消除"工厂=危险和环境破坏"的印象，展现社会贡献是制造业的使命

图 3.21　工厂周围环境的变化

另外，导致市场变化的要素还有零部件的标准化。零部件的标准化在各行各业都有在推行。比如，以前与个人计算机相关的 HDMI、PCI 接口等各种各样的规格都被标准化了。汽车领域也在推进 CAN、Automotive 以太网等接口标准化。过去的制造业主要是磨合接口不同的各种各样的零件。但是，如果接口部能标准化的话，就可以将各种各样的零件组合在一起，制作出来的东西就会比以前更简单。因此，制造业会变成从各种各样的供应商采购零件然后组装的运作方式。

此外，新兴国家发展带来的新需求增长，也可能导致工厂的巨大变化。以汽车为例，印度这个国家的交通信号灯数量较少，交通基础设施也不够成熟，汽车驾驶员在驾驶中会按很长时间的喇叭。一般认为在这样的国家需要耐久性高的喇叭。

由于以上原因，工厂制造的产品会发生相应的变化。而且，在制作的产品发生变化时，工厂的设备也会发生变化。也就是说，工厂迎来了采用新做法的机会。

第二个变化是工作方式的变化。工厂的应有状态正在发生变化。在少子高龄化不断发展的日本，致力于"举国上下增加劳动者""增加出生率""提高生产率"。与以往相比，以女性和老年人为代表的各种各样的人能有效地工作是一个课题。另外，近年来以日本为首的发达国家，从生活水平的上升中寻求工作乐趣的人开始增加。因此，工厂可能必须为工人提供愉快的工作。

第三个变化是环境的变化。由于全球变暖引起的自然环境变化，2018 年世界各地创下了酷暑的最高纪录。在日本，暴雨也造成了巨大的损失。这样的灾害和工厂是分不开的。一旦发生暴雨，该地区的工厂就会停止，包括供应商和供应商在内的供应链就会停滞。如果今后这样的异常气象频繁发生的状况持续下去的话，迅速应对异常事态将成为工厂的必要课题。

第四个变化是 CSR 意识的提高。CSR 一般指的是企业社会责任。企业社会责任是指企业在创造利润、对股东和员工承担法律责任的同时，还要承担对消费者、社区和环境的责任，企业社会责任要求企业必须超越把利润作为唯一目标的传统理念，强调要在生产过程中对人的价值的关注，强调对环境、消费者和社会的贡献。正如本书开头的 SDG 示例所示，为了让世界能够可持续发展，环境问题将会是越来越应该关注的问题。据作者的美国朋友说，在美国，出于对"精肉从业者对动物的残酷行为"的抗议，倡导素食文化的人也不在少数。在日本，企业的活动是否能够获得社会共鸣也直接影响到企业的发展乃至生存。

第五个变化是技术的变化。德国政府在 2011 年发表了 Industry4.0（工业 4.0）的概念，其中 IoT 表示将戏剧性地改变生产。工业 4.0（见图 3.22）的名字的由来是第四次工业革命。这种仅次于"机械""电气""计算机"的技术革新是 IoT 的想法。日本也在 2016 年政府发表的 Society5.0 中，叙述了 IoT 将极大地变革包括工厂在内的社会。除了 IoT，机器人还有其他进展。以传感技术、控制技术、机器学习等的进化为背景，不仅仅是单纯的作业，能完成多个复杂作业的机器人也相继登场，如图 3.23 所示。未来，在工厂里移动的机械臂机器人，除了本职工作外，还可以泡咖啡、下象棋，甚至可以帮医生动手术。

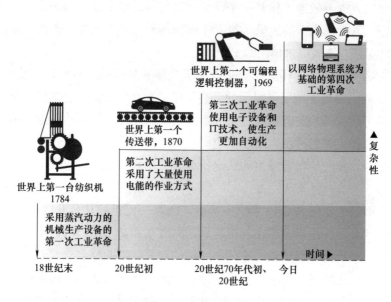

图 3.22　Industry 4.0

资料来源：Industrie 4.0：Cyber-Physical Production Systems for Mass Customization，DFKI

倒咖啡的机器人　　　　　　　　抓住零件的机器人

图 3.23　机器人的进展

　　未来，这些工厂的环境也将发生巨大的改变。因为工厂有必要在社会需求变化时做出适用性的改变，所以采用各种各样新技术的工厂将会不断涌现。在 IoT、机器学习这一新技术已经开始进入工厂时，量子计算机又将怎样参与到未来的工厂中呢？

3.2.2　工厂的产量预测

有些读者朋友可能不太了解工厂的运作，这里简单介绍一下工厂的概况。通过读下面的文字，我想大家将会有这样的体会——工厂里到处都是需要优化的问题。

工厂的整体形象经常用图 3.24 所示的两个流程来表现。横向的流程表示每天的货物流动，被称为供应链。纵向的流程是生产准备流程，被称为工程链。

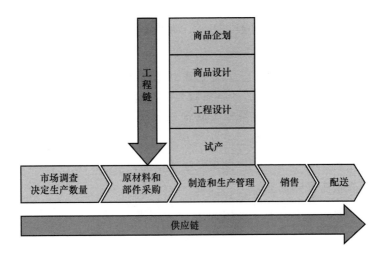

图 3.24　工程链和供应链

供应链展示了"根据销售动向调查并决定生产数量""从供应商采购素材和零件""制造""生产管理""销售""配送"等日常运作环节。按照计划进行每天的生产是工厂最重要的目标。但是，在日常生产中，会发生很多计划时无法完全预测的情况。为什么会这样呢？内部因素有如下几个方面：

1）工作人员的能力参差不齐。

2）身体状况的变化。

3）设备故障等。

各种各样的理由都会成为生产延迟的原因。

外部因素有

1）交通堵塞导致卡车配送延迟。

2）因需求变动而突发的生产委托。

3）由于天气灾害一部分工厂停止运转导致供应链突然变更等。

像这样，内部和外部多种多样的因素会导致生产延迟。为了应对这种突发状况，也有持有中间库存的方法。但是，中间库存过多会产生剩余的风险和库存管理的巨大成本，所以应该尽量减少。对突发事态的应对迟缓会导致生产效率低下，如果能在瞬间实现最优化，就能提高生产效率。

工程链从"商品企划"开始，再到"商品设计""工程设计""试产"，最后落实到"制造、生产管理"。这里的制造和生产管理，与上文提到的供应链中的制造和生产管理是一个意思，所以两个链条在这里汇合。实际上，工厂的生产效率大部分不是由供应链决定的，而是由更上游的工程链决定的。如果忽视了商品设计和工程设计，下游的供应链就很难挽回损失。

商品设计在满足必要的功能和制约的同时，为了便于生产而选择使用的零件的种类和形状等。在工程设计中，为了提高生产效率，要进行生产速度的高速化和所需资源的最小化。为了提高生产速度，需要选择加工方法，优化设备配置，使人与物能够顺畅地流动。为了实现资源的最小化，需要压缩作业人员和设备的数量，以及所需的工厂面积。像这样，在工程链中也有很多需要优化的地方。

我们可以从图 3.25 所示的两个角度来整理上述问题。这里，我们设完全按照既定目标的生产状态为"零"状态，将因不可预测事态而引起的生产延迟的生产状态为"负"状态，而与追求极致的生产效率的生产状态设为"正"状态。另一种是建立良好的工作环境,提供超越生产效率的附加价值,从零创造正的方法。这两个观点在供应链和工程链中都存在。接下来,将从负到零、从零到正这两个角度来分析量子计算机可能发生的世界。

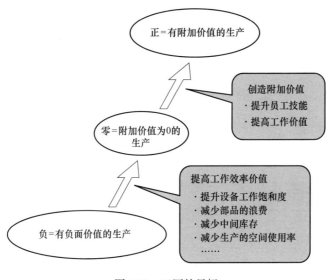

图 3.25　工厂的目标

3.2.3　把负数变为零

将生产效率发挥到极致是工厂永恒的课题。所谓提高生产效率,就是在提高生产数量的同时,减少使用的资源,减少剩余的中间库存。如图 3.26 所示,我们把观察对象分成四个类型:①为工厂内的生产线;②为包括多条生产线和工厂内物流在内的整个工厂;③为包括工厂外的物流和其他公司工厂在内的供应链;④为工厂中的人。表 3.1 显示了其中由于量子计算机的加速优化而可能发生的变化。请注意,这些并不是完完全全严谨的推导过程,只是方便理解的例子。除此之外,提高工厂生产效率的创意还有很多。下面将具体阐述表 3.1 中的例子。

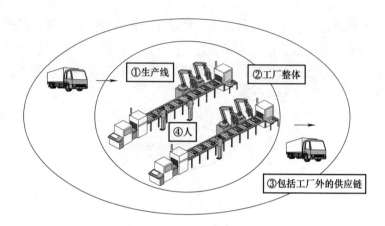

图 3.26　生产效率提高的范围

表 3.1　从负到零的挑战

优化的地方	量子计算机可能带来的变化
① 工厂中的生产线	多功能机器人根据产品随机应变分配工作，提高生产速度
	设备和零件的配置最优化，人力、物力的高速流动
	选择满足产品整体规格的零件组合，减少废弃零件
② 工厂整体（多条生产线＋工厂内物流）	根据设备故障和生产延迟等情况改变制造流程，降低制造延迟
	通过优化装车顺序，减少运输车数量，提高工作效率
③ 包括工厂外的供应链（工厂＋工厂外物流）	通过跨多个工厂的搬运和优化生产日程，降低物流成本和中间库存
④ 人	应对突发休息和身体状况不良等状况变化，优化人员配置，降低制造延迟
	利用全世界范围的知识，瞬间发现异常

1. 工厂生产线的最优化

首先让我们来看看生产线中封闭的世界。

为了提高生产效率，有必要提高生产设备和工作人员的负荷率。负荷率是指没有多少空闲时间完成工作的比率。例如，在前一道工序发生延迟的情况下，由于后一道工序原本要做的工作取消，负荷率就会下降。

为了提高负荷率，对于作业人员来说，对于容易发生生产延迟的作业工序，管理人员通常会安排熟练的作业人员去帮助这些容易延迟的工序。这种做法一般称为"多能工化"。所谓多能工化，顾名思义是指工序之间进行有计划的技能学习、实施作业人员之间轮岗，使员工掌握多种作业、多种机器设备操作而成为"多技能工"，以便在产量变更时，能够结合新的生产节拍改变作业范围。通过让一名工作人员具备完成多项任务的能力来实现。

那么接下来，我们把这种想法套用在机器人身上。在大量生产的典型生产线设计中，一台机器人会不停地重复既定的作业。以汽车空调的生产现场为例，同一条生产线上有各种各样的汽车空调。供货的汽车制造商各不相同，车型和等级也不同。例如，图 3.27 左边是面向中型车的汽车空调，右边是面向大型车的汽车空调，不同类型的空调风量等空调性能、静音性、空调出风口数量等规格都不一样。虽然有很多共通的零件，但是使用的零件的种类和数量是不同的。根据这些差异，每个机器人的工作量也不同。因此，如图 3.28 左边所示，特定

a）面向中型车   b）面向大型车

图 3.27 汽车空调的变化

机器人的工序会发生堵塞。如果把机器人变成多能工的话会怎么样呢？如图3.28右侧所示，机器人可以根据情况改变工作分工，从而解决"堵塞"问题，也就是说有可能提高生产速度，减少生产设备。当然，有了高速的优化技术才能做到。

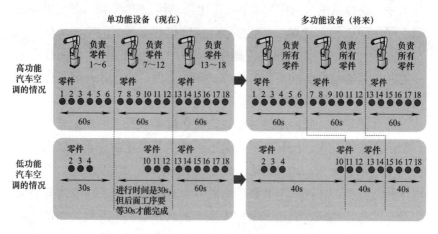

图 3.28 通过多功能设备实时分配任务

（低功能汽车空调通过优化改善设备负荷率，生产时间从180s改善到120s）

前面讲的是在日常生产现场的最优化，同样地，在设计制造工序的阶段最优化也起着很大的作用。这里以工程的布局设计为例。例如，从多个零件架上收集零件，在多个生产设备上按顺序组装。如图3.29左侧所示，根据零件和设备的配置，操作人员和运输车必须经过很长的路径。如图3.29右侧所示，通过优化零件配置，可以缩短工人和运输车的移动线路，提高工作效率。

从另一个角度来看，通过减少整个工程的安装面积来进行配置优化的话，就能有效利用有限的工厂内空间。另外，通过安排便于员工沟通的工序，也可以使协作更加顺畅。以这样各种不同的观点进行大量的零件、设备的配置最优化，不是一般的方法，是非常困难的最优化问题。

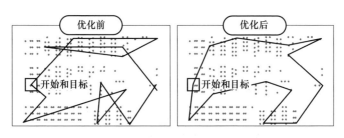

图 3.29　优化布局

（优化前乱七八糟的线路，优化后输送时间缩短）

最后，产品本身的设计也有优化的余地。一辆汽车大概包含 3 万个零件。这些零件要求严格，都有明确的规格要求，各个零件的尺寸公差等都必须在要求规格内，并以严格的标准制造。尺寸达不到公差范围的零件，就会被视为次品而被丢弃，因此为了满足严格的要求，必须使用高精度、昂贵的设备进行生产。那么，如果将整体最优化的概念引入零件制造的世界，会发生什么呢（见图 3.30）？

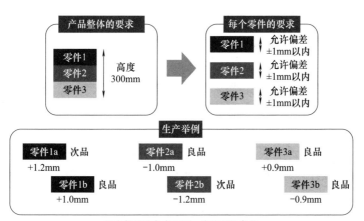

图 3.30　零件优化设计

这里试着用整体优化的思维方式来思考这个问题。按照经验，如果下层的零件能很好地组合，那么产品整体允许偏差就可以控制在

±3mm 以内，所以全部都能作为良品处理。像这样，通过找出零件的合理组合，不仅可以降低了制造成本，还可以减少废弃，实现对环境友好的工厂。从表面来看，这个例子中只涉及高度，所以看起来是不需要用到量子计算机的简单问题，但实际上允许偏差要求是立体的，包括"纵""横""深"几个维度，非常复杂。而且，如果有数十个零件组合在一起，实时计算就会变得更加困难。

2. 工厂整体的最优化

在日常生产中，由于设备故障、作业人员的身体状况变化、恶劣天气导致的物流延迟等事前难以预测的状况变化，会导致生产延迟。那么，如果通过物联网能够实时掌握这些状况，并持续优化生产计划会怎样呢？假如使用量子计算机实现快速优化，设计出能够动态变更制造流程的 job-shop 型生产线，就可以提高生产效率。那么，与传统的 flow-shop 型生产线相比，job-shop 型生产线有什么不同呢？如图 3.31 所示，两者都是多线并行的结构，不同之处在于设备之间是否有通往其他线路的路径。

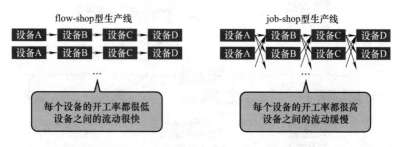

图 3.31　flow-shop 型生产线和 job-shop 型生产线

在 flow-shop 型生产线上，n 个工件在 m 台机器上加工，每个工件都要在 m 台机器上加工一次，并且每台机器上的工序，即加工顺序都是一样的。如 4 个工件在第一台机器上的加工顺序为 2134，那么在剩余 $m-1$ 台机器上的加工顺序必须严格保持为 2134。因此 flow-shop 型生产线也被称为流水作业或顺序作业。在 flow-shop 型生产线上，每个设备的工作时间几乎都不相同，所以一定会在某个地方出现瓶颈，设备的负荷率不可能达到 100%。而且，一旦有一个地方发生问题，之后的生产就会停滞，很难弥补。

在 job-shop 型生产线上，每台机器的工序是可变的。因此 job-shop 型生产线也被称为异序作业。同时，如果不限制工件 j 只能在机器 m 上加工一次，就变成可重入 job-shop 型生产线。因此，可以考虑用 job-shop 型生产线进行优化，使多线工序之间的交互成为可能。job-shop 型生产线可以根据工厂整体所需的生产数量来设定各工序的设备台数，从而实现设备台数的最小化。

例如，在图 3.32 中，设备 B 的生产时间比设备 A、C、D 的生产时间短时，可以减少设备 B 的数量。另外，在设备停止的情况下，可以很容易地用其他设备进行替代，使得生产流程不受影响，具有不容易引起生产大停滞的特点。但是，这种方法会产生两个问题，工序之间搬运时间的增大和实时的生产调度。

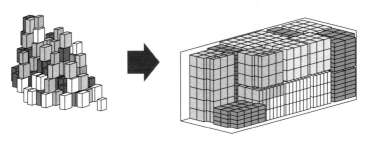

图 3.32　货物优化

近年来，随着无人搬运车和线性搬运设备等技术革新，工程间的搬运时间得到了很大的改善。关于生产调度，是对现有计算机需要数小时才能完成的最优化问题的计算。因此，如果是在夜间预先计算的话没有问题，但如果需要根据情况进行实时计算就不成立了。量子计算机有可能在这里大显身手。换句话说，如果能够快速实现最优化的技术得以实现，那么就可以使生产线变得和 job-shop 型生产线一样灵活，同时又像 flow-shop 型生产线一样有序，可以让物品的流动更自由。也就是说，可以在更通用化的生产线上提出提高生产率的方案。

除此之外，量子计算机也可以用来优化工厂的物流效率。开头介绍的无人搬运车 AGV 解决交通堵塞的例子也是如此。如图 3.32 所示，通过货物的优化，可以减少 AGV 和搬运卡车的数量。例如，从生产线源源不断地流出来的零件直接堆积在卡车的货架上，缝隙就会变多。如果采用消除间隙的装载方法，卡车的数量就会减少。而且，如果按照顺利填补间隙的顺序改变生产日程，生产效率还会进一步提高。另外，如果换个角度站在物流公司的角度来考虑的话，按照容易拿取的顺序来装货，从重的东西开始装货的方法，工作效率也会提高。

3. 供应链整体的优化

不仅是工厂，从供应链的角度来看，物流也有很大的改善空间。以往的物流大多是工厂之间一对一的搬运，但如果采用"Milk Run"这种跨工厂的方式，优化的余地就会更大（见图 3.33）。

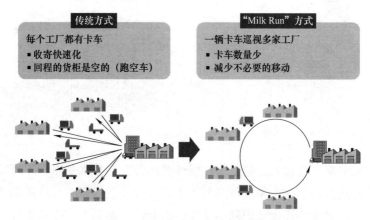

图 3.33　跨企业物流路径优化

"Milk Run"方式的中文译名一般叫作"循环取货"，是指一辆卡车按照既定的路线和时间依次到不同的供应商处收取货物，同时卸下上一次收走货物的空容器，并最终将所有货物送到汽车整车生产商仓库或生产线的一种公路运输方式。

该运输方式适用于小批量、多频次的中短距离运输。该运输方式降低了汽车整车企业的零部件库存，降低了零部件供应商的物流风险，减少了缺货甚至停线的风险，从而使整车生产商及其供应商的综合物流成本下降。

举个例子，比如有需要在中午之前发送的零件，但是中午之前能够运送的其他零件并没有那么多，卡车就会在较空的状态下发车，因此在运输过程中会产生很大的浪费。另外，如果每个工厂都准备了卡车，那么在搬运货物回家的路上，也会发生货架空着的情况，造成浪费。在这种情况下，如果能让多家工厂同步生产日程，就能把其他工厂的货物放在多余的部分，即可减少浪费，提高效率。

通过跨多个工厂优化生产日程，除了能提高物流效率之外，还能减少中间库存。对于制造业来说，减少中间库存非常重要。中间库存是为了应付生产延迟和追加订货等供求的变动而在制造工序之间增加的库存，中间库存会直接反弹到成本中。如图 3.34 所示为供应链中中间库存的变动示意图。随着第一次发出生产单、第二次发出生产单，离最终客户越来越远，中间库存的变动也越来越大，因此中间库存的数量也在增加。如果能够优化整个供应链的生产日程，或许可以大幅减少中间库存。

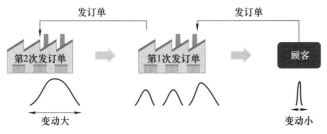

图 3.34 中间库存量的变动

综上所述，仅从提高生产效率的角度来看，工厂就存在很多优化问题。但是，工厂的优化并不是简简单单的单独优化，很多情况下是想通过多个例子的组合来优化，这是更加复杂的问题。像工程设计这种本身就需要花费数小时进行的工作，如果要进行优化，需要优化的对象很多，传统的计算机可能会花费数周的时间进行计算。因此，到目前为止，我们不得不绞尽脑汁地去计算优化的对象，但对象越集中，优化的效率就越低。也就是说，加速优化计算具有重大意义。

另外，如果想对每天发生的变化进行实时响应，就需要以秒为单位进行计算，所以在这种情况下，即使规模很小，也需要提高速度。因此，量子计算机在工厂中的应用蕴藏着无限的可能性。

4. 与人相关的优化

上文阐述了工厂每时每刻都在发生变化，并针对这些变化实时优化生产日程的例子。那么，人类的工作分配是否也可以实现实时最优化呢（见图 3.35）。

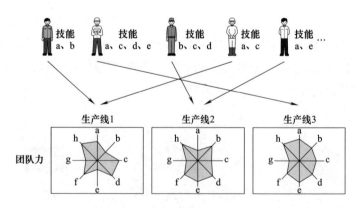

图 3.35　实时重组团队

实际上，根据情况改变工作分配并不容易。因为每个人拥有的技能并不统一，所以必须优化拥有必要技能的成员的组合，这是一项非常困难的计算。如果在这里使用量子计算机的话，也许会有随时更换成员并持续进行最适合生产的未来。

　　作为与人相关的最优化，也可以考虑活用世界各地的知识（见图3.36）。工厂是由众多资深工匠支撑的匠人世界。例如，在生产过程中，会有繁杂的工作流程，要想在很小的细节或者现象中发现故障、找出异常设备并加以处理，需要涉及很多的经验和技巧。如果能通过物联网从现场实时收集这些工匠的技术诀窍，并与世界各地的工厂伙伴持续积累、更新，会怎么样呢？这似乎能以比以前更具压倒性的速度提高工人能力。

图 3.36　知识数据库

　　电装公司构建了通过现场进行信息管理到通过可穿戴设备等获得的员工言行的自动数据收集机制。通过人工智能对由此获得的数据进行标记和分类，并将其作为技术积累起来。如果量子计算机能够灵活运用，从获得的大量经验和现场发生的现象进行整合分析，选择当下应该采取的最佳行动，会怎么样呢？很多人聚在一起讨论才能找到的解决方案，也许瞬间就能找到。

3.2.4 逐步增加工厂的附加价值

在本节的开头我已经说过，工厂的环境正在发生巨大的变化。此外，针对这一变化，还阐述了量子计算机在提高生产效率方面发挥作用的可能性。那么，今后的工厂除了生产效率之外，还将如何创造附加价值呢？这可以试着从让员工生机勃勃地在持续成长的工厂里工作的角度来考虑。

能在维持高生产效率的同时，让员工快乐地工作，并在持续成长的工厂里工作，对于员工来说应该是一个不错的体验。没有两个员工是一样的。感受到的快乐不同，技能和与人的缘分也不同。即使是成长，也有被表扬后进步的类型、被批评后进步的类型、重视自主性的类型、希望得到各种指示的类型等多种类型（见图 3.37）。

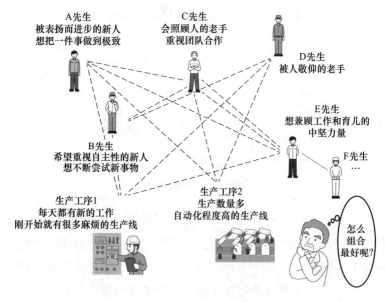

图 3.37 优化团队编制

而且，即使是同一个人，每天的心情也会不同。比如每天做同样的事情，一开始会觉得很开心，但后来会觉得很无聊；或者技能提高了，就会想挑战其他的事情……

在这种情况下，让整个团队都具备维持生产效率所必需的技能，并且每天都分配能让他们快乐成长的业务，这是非常有趣的最优化问题。这不仅限于工厂，应用范围还很广。

在工厂更困难的是，工厂里的成员每天都不一样。有生病的人，有带薪休假的人，有新加入的人等。要实现这样的结构，不仅仅是利用量子计算机加快优化计算速度就可以，还有必要对人类特性进行研究。

最近随着工厂物联网的发展，从工作人员的脉波读取其身体状况、获取运动轨迹等各种数据开始在世界范围内进行。总有一天，当你觉得"好累啊"的时候，就会有一个又一个令人兴奋的工作分配给你，这样有趣的工厂也许会登场。

3.2.5 今后的工厂

在工厂的世界里，还有很多需要想要马上优化的事情，将来也想要优化的事情。而且，工厂领域的市场规模也非常大。例如，如果在无人搬运车的系统中导入量子计算机，那么量子计算机将会传遍全世界使用无人搬运车的工厂。

另外，如果优化技术在工厂领域得到推进，实际上也有可能推广到工厂以外的系统。换个角度来看，无人搬运车可以理解为仅限于工厂内的无人驾驶汽车。也就是说，利用量子计算机从工厂中消除了交通堵塞的系统，有一天也许会升级为控制世界上的汽车，从城市中消除交通堵塞的系统。

而且，能够让人充满活力地持续成长的团队编制和工作分配不仅适用于工厂，也适用于所有的职场。像这样，量子计算机改变工厂，从工厂开始改变世界的未来也许会到来。从这个意义上来说，它将会扩展到怎样的世界呢？在接下来的第 4 章中，我们将来看看各行各业的人所思考的未来。

本章小结

（1）汽车和工厂都处于大变革期。

1）市场变化：电动汽车和无人驾驶汽车的出现，满足了多种需求等。

2）技术变化：互联化、人工智能、通信高速化等。

（2）通过量子计算机聚合和优化事物之间的连接，依照状况变化采取实时行动。

1）汽车：控制街上的移动车辆（私家车、出租车、卡车等），解决交通堵塞，提高拼车、换乘、配送的效率。

2）工厂：实时解决每天预想之外的状况（如设备故障、身体状况不良等），将生产效率提高到极限。

（3）利用实际交通服务和工厂数据的量子计算机验证实验开始加速进行。

第 4 章

想要改变世界的公司如何使用量子计算机定义未来

那么，让我们一起去看看量子计算机所开创的世界吧。

好的，请告诉各行各业都是如何用量子计算机改变世界的？

本章将介绍量子计算机如何改变世界。我与各个领域的顶尖人士一起，一边谈天说地，一边描绘未来的蓝图。我们将谈及多个行业，涵盖从制造业到通信、电力基础设施、交通服务、金融、配套服务、沟通交流等。在我采访的人士当中，有人已经在积极研究量子计算机，有人刚开始接触，也有人是第一次听说。

各公司共同讨论的是，在各行各业中，量子计算机有可能在某一天突然改变时代。请大家一边看着他们描绘的未来世界，一边想象周围的世界会发生怎样的变化。大家平时的生活和工作是否会发生变化呢？访谈中，从各自从事的行业入手，进行了简单易懂的介绍，旨在帮助读者拓宽量子计算机以外的知识。

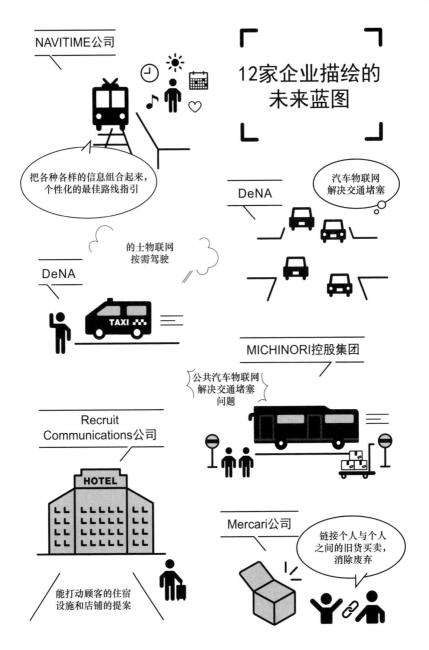

4.1　采访：Recruit Communications 株式会社 —— 用科技支撑邂逅

Recruit Communications 是一家链接多个产品如 Rikunabi、Hotpepper、SUUMO、Jalan、Zexy 等，在广泛的领域创造客户和用户"匹配"的招聘集团。作为跨集团的功能性公司，Recruit Communications 是在营销技术、广告制作、流通等方面支持其匹配的公司。需要特别指出的是，该集团中有一个叫作 ICT（信息通信技术）解决方案局的部门，通过大数据技术和营销方法结合实现了"数字化营销"，同时，通过数据技术致力于"实现客户和用户的愉悦感最大化。"

金田将吾　Recruit Communications 株式会社 高级总监

棚桥耕太郎　Recruit Communications 株式会社

西村直树　Recruit Communications 株式会社

用量子计算机产生新的匹配

金田先生、棚桥先生和西村先生在很早之前，就开始致力于退火量子计算机的应用程序研究。2017 年在该领域的国际会议 AQC 上，他们开始登上舞台。

在数字营销方面，我们希望用量子计算机实现的世界究竟是怎样的世界呢？我们邀请了 Recruit Communications 的几位专家来谈一谈。

【数字的前方，现实和虚拟的世界更加广阔】

金田将吾先生：

招聘集团的大部分业务被称为 Ribbon 模式（见图 1），即撮合模式，提供用户和客户见面的场所，实现双方利益的最大化。

十几年前，宣传杂志和信息杂志是提供匹配机会的主要机构。我想各位读者应该也在便利店或车站看到过 Zexy 等信息杂志和 Hotpepper、Townwork 等免费报纸吧。最近，随着智能手机的普及，数字媒体的重要性增加了。我们所致力于的数字营销就是在这种数字媒体上的营销手法。信息杂志基本上是从客户端到用户，信息流向是单向的，而数字媒体可以是双向的。例如，以用户过去的行为数据为基础，推荐符合用户口味的餐饮店或房屋等，让用户找到自己真正想要的信息，基于用户数据进行推荐。

信息杂志很难为每个用户定制个性化的信息，但数字媒体可以做到。虽然匹配的方法发生了很大的变化，也取得了很不错的效果，但是，在个性化信息推荐方面，我认为还有很大的进步空间。很多时候，数字媒体和现实体验所能提供的东西存在差距。为了弥补这一差距，可以考虑利用技术，进一步推出可以提供更加真实体验的产品。

图 1　Ribbon 模式

数字媒体可以让用户找到他们平时经常光顾的餐厅和酒店，但为了给每个用户提供其想要的信息，他们必须不断改进数字营销技术。为了推动数字营销的发展，他们打算如何利用量子计算机呢？我想请量子计算机项目的负责人栅桥先生来谈谈。

【量子计算机加速匹配】

棚桥耕太郎先生：

数字营销的根本在于创造新的匹配技术。在什么时间、对什么人、提供什么样的信息，才能实现匹配的最优化。但是，如果从每月数十亿次的访问日志中进行分析，优化的计算量是非常大的。因此，现在在计算时，会在一定程度上做出妥协。如果能在短时间内完成复杂的计算，就能更有效率地找到想要的信息。

为了实现匹配技术的进化，我们每天都在召开新技术学习会，引进新技术。学习会是志愿者们定期举办的钻研活动，有一次，在学习会上的一个成员提出了退火量子计算机的话题。当我还是学生时，在东京工业大学的西森秀稔老师的网站上看到了量子退火的原理，对此很感兴趣。当时我认为这只是科幻小说中的未来技术，但我惊讶地发现 D-Wave Systems 公司已经推出了可以使用的机器。而现在，我认为这台机器或许能够大幅提升匹配技术，并期待能够提高计算速度。

棚桥先生看准了量子计算机在未来世界中，可以加速数据匹配。那么，在实际应用过程中，大家有怎样的感受呢？下面请负责应用程序验证的棚桥先生和西村先生继续发表见解。

【用量子计算机计算出更符合需求的信息推荐】

西村直树先生：

我所做的是在旅游网站"Jalan net"上优化住宿设施的提案。实际上，在住宿设施的搜索结果中，如果不罗列太多相似的搜索结果的话，用户选择的概率会更高。

例如，住宿设施按照受用户欢迎程度的顺序来表示。出差的商务人士在寻找住宿设施时，出现的全是该地区人气高、价位高的时尚酒店，却找不到最重要的商务酒店，或者反过来向游客推荐的全是商务酒店。

因此，我认为必须提出符合多样化需求的候选方案。为了匹配需求，需要对住宿设施的种类、地点、价格区间等因素进行分析。根据以往其他用户的浏览记录，分析出住宿设施之间的相似度。我们认为同一用户每次浏览的住宿设施具有相同的倾向。

根据分析结果，将不同种类的东西排列在一起，组合也很多，如果用传统的计算机进行分析，会花费很多时间。如果能以超高速对其进行分析，或许能给用户提供更好的方案，于是我们使用 D-Wave 机器进行了实证实验。其结果是，搜索结果很好地分散了住宿设施的场所和种类，估算提高了 1% 的销售额，如图 2 所示。这让我看到了未来更进一步发展的希望。

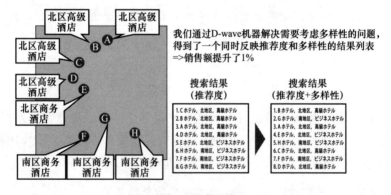

图 2　酒店匹配

【量子计算机让人工智能更快】

棚桥耕太郎先生：

在数字营销中经常使用机器学习的方法。机器学习分为从过去的数据中学习倾向的"学习"阶段和利用学习的结果在实际运用中得出答案的"预测"阶段。在机器学习中，被称为泛化性能的指标非常重要，该指标能够对尚未学习的情况做出精准的预测。但是，如果学习了大量的数据，就会出现过度学习的问题，因为不知道应该用什么数据来进行预测。

因此，我利用 D-Wave 机器，对必要的信息（在机器学习领域称为特征量）进行了筛选。如图 3 所示，我们在大量的数据里面，挑选出有限的并足以识别用户的数据。然后我们通过使用 D-Wave 机器对假设进行验证。最终，我们成功创建出了既能将所需信息最小化，又能提高预测精度的模型。由于模型中需要的信息减少了，进行预测的计算量也就会相应减少，从而提高预测的速度。

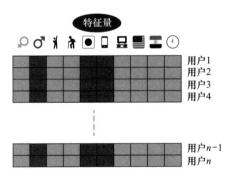

图 3 机器学习的特征量的选择

这在数字营销中是非常重要的，因为数字营销需要即时回答用户的需求。综上所述，我认为量子计算机可以用于促进数字营销进化的机器学习。

西村先生和棚桥先生通过积极的实用化视角，引领了量子计算机的应用研究。两位请介绍下在实际应用中需要解决的问题。

棚桥耕太郎先生：

我认为，在量子计算机这个应用前景和实现技术尚不明确的领域，合作比竞争更重要。为此，首先需要让更多的人进入这个领域。因此，为了降低进入市场的门槛，2018 年，他们自己开发了 "PyQUBO" 工具，这个工具的推出，可以让 D-Wave 机器为代表的退火机器更容易使用。

PyQUBO 已经开始被日本电装公司等各种企业和研究机构所应用。用于使用 D-Wave 机器的量子退火技术，对于初次使用的人来说有些难懂，但是通过 PyQUBO，初次使用的人也可以轻松地进行编程。通过这样的应用实证和技术开发的推进，我认为会对实用化的普及有所帮助。

西村直树先生：

我认为，要想稳定地提供利用量子计算机的服务，就必须解决冗余性和可维持性的问题。如果量子计算机发生故障无法运行的话，需要能够有机制保证可以快速地更换另一台，或者有机制可以保证能够立即进行维护。

另外，由于在很多实际场景中，使用数据的即时性要求越来越高，而现在使用的加拿大的机器是通过云端调用实现的，会产生通信延迟和延迟时间的问题。量子计算机只需几十微秒就能完成计算，而通信调用却需要几秒钟，这是非常可惜的。

目前，我认为解决这些问题还需要一段时间，但通过在国际会议上与主导研究的世界顶尖人士进行讨论，我感觉他们已经开始朝着实用化的方向稳步迈进了。

4.2 采访：京瓷株式会社——用新材料改变世界，京瓷通信系统株式会社——用 ICT 和通信工程支撑企业和社会发展

京瓷株式会社在日本可以说是无人不知无人不晓的知名企业，但

它的起源是陶瓷材料这一点可能很多人还不知道。这家公司以材料技术为核心，从半导体到车载设备、手机、太阳能板到医疗设备等，不断向世界提出各种各样的方案。

京瓷通信系统（KCCS）株式会社在京瓷集团中，从事系统集成等 ICT 业务，以及从事手机无线基站的设计、施工、运用、维护等通信工程业务等。它为解决企业问题和相关社会发展做出了贡献。

京瓷
基础技术研究部

京瓷
研究开发本部

京瓷通信系统
研究部

京瓷通信系统
研究部

我们一起挑战用量子计算机改变世界！
即使 90% 的概率会失败也在所不惜！

【用新技术创造新世界的挑战】

有一天，这 4 个研究人员突然从本部长接到了新的任务。

"量子计算机正在改变时代，我们能不能做点什么新的事情？"

于是，这 4 个研究人员一边思考"量子计算机是什么"，一边敲开了日本东北大学量子退火研究开发中心的大门，新的挑战一触即发。这 4 个人的共同点是都很喜欢新事物。

首先，我们邀请了在 KCCS 进行人工智能应用研究的大友先生和近藤女士讲述了他们的梦想。

大友雄造先生：

　　KCCS 要在通信工程业务中改善手机的电波状况，我当时就想：我们是否可以将量子计算机用于手机无线基站的优化呢？

　　你见过手机基站吗？在大楼的上方和铁塔上都有天线，仔细一看，大多有三个方向的天线（见图1），可以分别发射电波。通过这个基站可以用手机打电话和上网。

基站中有三个天线

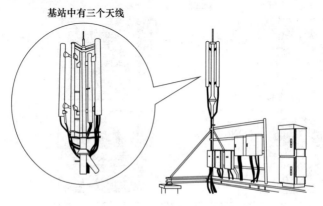

图1　基站示意图

　　你知道在日本有多少个基站吗？所有的运营商加起来大约有57万个，而且每年都在增加。为什么会增加呢？因为智能手机和物联网等的普及使得通信需求急速增加，再加上高大楼宇等建筑，原本已经到达的区域将无法接收到信号，所以需要建立新的基站或调整现有的基站。

　　但是，这里面有个问题，实际上每次增加或调节基站时就会出现通信故障的可能性。一般来说，手机基本上是就近与最近距离的基站的天线进行通信的，但是必须确定和哪个天线进行通信。在图2所示的例子中，A从三个天线接收电波，并最终会决定与哪一个连接进行通信。之所以会出现这样的情况，是因为为了消除无法连接的地方而设置了很多基站，几乎所有的地方都能接收到多天线的电波。但是，如果各个天线都在没有任何规则的情况下，在适当的频率范围和时间发送电波的话，最坏的情况就是会受到干扰而无法进行通信。

为了区分手机与哪根天线相连，理想的情况是将每根天线分别设置在不同的频域和定时，但这样做需要用到很多频域，因此并不现实。为了解决这一问题，LTE 在全球范围内制定了如下规则：将天线分成三组，再细分为 168 组，共分为 3 × 168 = 504 个 ID，以不同的频率和定时进行通信。

例如，在图 2 的 A 中，手机可以分辨出三个 ID。那时，如果和 ID：73 号进行通信的话，其他的 ID：158 号和 ID：264 号的通信就舍弃了。从手机的角度考虑的话，绝对不能不加区别地与三个 ID 同时通信，否则的话手机就不知道接收到的是哪个天线的信号。另外，如果同时与三个 ID 进行通信，会产生电波干扰（见图 3），所以有必要避免。

图 2　多个基站的情况

手机会在各种各样的地方由各种各样的人使用，所以有必要构筑无论在什么地方，ID 和群组都不被覆盖的通信网，为此必须适当分配基站的天线。这个基站的天线分配的课题有两个：一个是绝对不能覆盖的 504 个 ID 的分配；另一个是将覆盖控制在最小限度的三个组中的两个进行分配。特别是我想量子计算机是不是可以解决小组的分配问题。如果能进行分配，就能建立干扰少、连接更紧密的通信网。

具体来看一下吧！基站上有三根天线的情况下，为了不被覆盖，要分开分组，按照 3 的阶乘，3!＝6，有 6 种分配方法。考虑一下有多个基站的情况会怎样，为了尽量减少各个组重叠的地方，就必须对每个基站进行合理的分配。假设基站数为 n，则组合有 6 的 n 次方种。

把所有的基站计算起来是很可怕的数字。例如，假设基站数 n 为 10，也有 6 千万种，假设基站数为 1000，则有 10 的 778 次方种。这样的问题，用普通的计算机是无论如何也计算不出来的，所以我想如果使用量子计算机的话，在基站不断增加的情况下，也能安心地使用手机了吧。

图 3　分组被覆盖时发生信号干扰

平时不经意间使用的通信居然是靠这样的辛苦工作支撑起来的。使用量子计算机来支撑这样的通信基础设施的想法，大友先生和近藤先生并没有止步于单纯的创意，而是将其不断扩大，迅速着手进行挑战，我对他们的挑战充满了期待。

近藤郁美女士：

更进一步说，有些模式在计算结果上是可以的，但实际上是不行的，有时需要叠加现场的经验进行筛选。比起寻求一个最优解，我更想寻求很多好的候选解，让他们在现场做出选择。因此，使用退火方式的量子计算机的话，可以达到这个目的，从而高速地算出多个候选解，这样一来，我们还可以同时关注最优化的解以外的方面。

说到量子退火，人们很容易注意到它能快速解决组合最优化问题的宣传语，其实它的精髓在于从叠加状态中提取无数良好结果的采样，这在第 2 章中已经介绍过了。大友先生和近藤先生没有随大流，他们适当地活用了量子退火的技术特点，迅速地应用于实际问题。我觉得，这就是京瓷集团的研究开发能力和向各个领域扩展的原动力。

接下来，请在京瓷从事软件研究的小泽先生来谈谈。

【放心用电】

小泽太亮先生：

我对被称为虚拟电厂（VPP）的互联网虚拟发电站的应用充满期待。虚拟电厂是一种通过先进信息通信技术和软件系统，可实现分布式电源（Distributed Generator，DG）、储能系统、可控负荷、电动汽车等分布式能源（Distributed Energy Resource，DER）的聚合和协调优化，可作为一个特殊电厂参与电力市场和电网运行的电源协调管理系统。虚拟电厂概念的核心可以总结为"通信"和"聚合"。虚拟电厂的关键技术主要包括协调控制技术、智能计量技术以及信息通信技术。虚拟电厂最具吸引力的功能在于能够聚合 DER 参与电力市场和辅助服务市场运行，为配电网和输电网提供管理和辅助服务。虚拟电厂的解决思路有着非常大的市场潜力，对于面临"电力紧张和能效偏低矛盾"的国家来说，无疑是一种好的选择。利用先进的能源管理技术，远程、综合控制在家庭、办公室、工厂等设置的蓄电池和可再生能源发电设备等分散存在的能源资源，就像一个发电站一样。使之发挥作用，是活用于供求调整的措施。

京瓷参与了国家的实证事业，正在推进远程控制和管理一般家庭设置的蓄电系统充放电的技术研究。为了很好地调整平衡，在供给多的情况下，例如储存在个人电动汽车的电池或家用蓄电池中，当需求多时，将储存的电力进行释放。另外，在需求仍然过多的情况下，也可以给使用者一些奖励，让他们控制使用。

这样一来，大家就能更放心地使用电力了。如果电源能分散的话，灾害时的电力供应也能稳定。而且，电力公司也没有必要为了迎合高峰期而浪费大量的设备，因此电力也变得便宜。这种被称为虚拟电厂的结构在电力自由化和分散化发展较早的美国、法国、英国相继出现，今后在日本也会不断增加。

这个虚拟电厂的供需平衡调整也是最优化问题，如图4所示。连接的电源越多，整体的效率就越高，但作为最优化问题，解决起来也越来越难。这时量子计算机出现了。我希望其能创造出一个瞬间优化瞬息万变的需求和电源状态的世界。

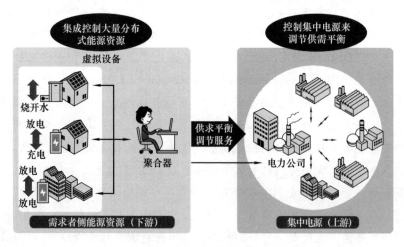

图 4　供求平衡的调整

小泽先生瞄准的应用例子是电力供应的稳定化，这是重要课题之一。由于是社会问题，所以最重要的关键词不是个别的优化，而是整体的优化。从这个角度看，他更关注利用量子计算机的组合最优化问题的解法。

接下来，我们采访了在京瓷从事材料研究的增子女士。

增子贵子女士：

我在想量子计算机是不是可以用于材料开发。在平时的工作中，为了开发新材料，用超级计算机进行材料模拟。因为是模拟实验，所以经常会出现无法再现实验结果的情况，其中一个原因就是模拟模型不合适。

我们假设理想的结构和状况来制作模拟模型。但是，实际在产品中使用的材料分子由于有混入物或缺陷，往往不是完美的结构，而且考虑到现实温度下的效果，材料分子会呈现各种各样的状态，因此必须考虑多种状态。这是常有的事。

那么我们应该怎么做呢？就像事先准备好各种各样的原子配置来应对混入物和缺陷一样，准备好多种可能性较高的状态，然后对这些状态进行模拟，得出结果并考察。但是，事先对各种混入物和缺陷假设的原子配置的组合进行全部确认，做好准备是非常困难的工作。我的想法是，如果将量子计算机活用到搜索候选配置上，会怎么样呢？

这就是说，量子计算机不是用于最优化的计算，而是用于输出众多候选的采样。虽然也看到"量子计算机将超越超级计算机"这样的报道，但实际上每个人都有自己擅长的领域。因此，我认为应该分别使用用于探索的量子计算机和用于评估的超级计算机，发挥两者的优势，如图 5 所示。虽然结合量子计算机进行材料开发是一项具有挑战性的课题，但也有望提高探索材料的速度，降低开发成本。

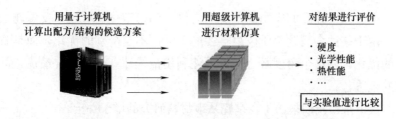

图 5 用量子计算机计算出配方 / 结构的候选方案

量子计算机并不是万能的，所以增子女士抱着从擅长的地方开始使用的想法，挑战着新材料的开发。不仅是材料本身的开发，他们还从现场挖掘出了潜藏在制造现场的组合最优化问题，探讨了各种各样的应用案例。

增子贵子女士：

另外，光学透镜的设计其实也是有很多组合最优化问题。如何组合凹透镜和凸透镜，它们各自的位置、曲率和材料等，有无数的组合。到目前为止，我们都是依靠经验，花时间找出好的组合，如果量子计算机也能做到的话，那就很有趣了。

增子女士从硬件设计的角度关注了量子计算机活用的可能性。增子女士说，这次的光学透镜设计只是其中的一个例子，一定还有很多可能性。在量子计算机掀起革新之后，硬件设计的世界会变成什么样呢？材料开发、制作、制造过程的最优化也在考虑应用。

增子贵子女士：

现在已经在一部分的制造工序中运用人工智能技术，开始管理在什么时间进行什么生产。从这个意义上讲，组合最优化问题被公式化之后，如果量子计算机能得出加工和生产线按什么顺序移动效率更高的结果，那么我们有理由相信量子计算机将可以很快有用武之地。

4.3　采访：Mercari 株式会社——创造新价值的全球性市场

Mercari 是日本的一家互联网公司，以营运同名的网络二手交易平台"Mercari"为主要业务。在世界上的下载量超过 1 亿。

作为 2018 年上市的日本为数不多的独角兽企业（估值超过 10 亿美元，成立时间不超过 10 年的风险企业），受到了社会的极大关注。Mercari 提供用户贩售物品，不收取物品上架费用，而是以抽取 10% 的交易费用为主要盈利来源。Mercari 的商品种类五花八门，遍及服装、生活用品等，甚至还有人贩售用过的口红和离婚证书。通过牵线搭桥，把对世界上的某个人来说不需要的东西交到需要的人手里，物品的价值就可以代代循环。通过这样做，Mercari 为社会做出了贡献，减少了社会上的废弃物。

接下来，我们来了解 Mercari 利用量子计算机的做法。

Mercari 株式会社
高级调查员

Mercari 株式会社
董事 CPO

量子计算机优化二手物品的买卖体验

Mercari 开始关注量子计算机的缘起，是创始人山田进太郎（现任董事长兼 CEO）拿着作者大关的著作《量子计算机加速人工智能》。Mercari 在日本已经是家喻户晓的存在，而当时世人对量子计算机还是很陌生的，两者的结合点到底在哪里呢？

我们从滨田先生说的 Mercari 的目标和课题开始探讨。

滨田优贵先生:

大家有使用过 Mercari 吗？（这里所有人都举手）谢谢（笑）。

首先从简单的服务介绍开始。Mercari 是一款 C2C（Customer to Customer，顾客对顾客）的 APP，将想卖东西的人和想买东西的人很好地连接起来。客户之间在进行联系时，容易感到不安的金钱交易部分，通过 Mercari 的中介，可以安心地买卖。

大家手头上那些不再需要的东西，虽然在大家的心目中已经没有价值了，但对其他人来说，有时还是有价值的。也就是说，通过物品移动，让没有价值的物品产生价值。

举个例子，据说 Mercari 的卫生纸芯卖得很好。在卖方看来应该丢弃的东西，在买方看来却有价值，因为可以用于工作。像这样'减少被社会认为没有价值而被废弃的东西'是我们的想法。那么，购买二手商品这一行为是如何促进的呢？简单来说，就是通过增加顾客与二手商品的接触点来实现的。以汽车为例，二手车店在世界上有很多。这样一来，顾客接触二手车的机会就会增加，一旦遇到好车就会购买。

除了汽车以外，市面上有很多二手商店，但每家商店都有各种各样的东西，所以有时很难遇到自己想要的东西。就拿刚才提到的卫生纸芯的例子来说，放卫生纸芯的商家和来买卫生纸芯的顾客都不是很多，所以很难碰到。

因此，我们利用互联网的力量，增加了连接想买的人和想卖的人的机会（见图 1）。因此，为了进一步推广这项服务，减少废弃，必须创造更多的机会。其中，从我们公司的经验来看，比起购买的人，销售的人更容易产生心理障碍，因此，对用户来说，"营造易于销售的环境"尤为重要。

在作者的周围，也有很多人痴迷于"销售是一件快乐的事"，而这种快乐的背后，正是因为"努力让销售变得更容易"。Mercari 对量子计算机的挑战也源于"使其更容易销售"这一课题。

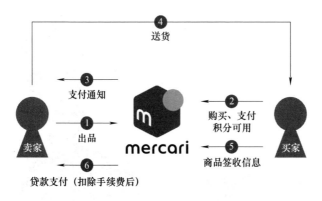

图 1　Mercari 提供的服务

滨田优贵先生：

假设有了量子计算机，我们可以想象以下三种情况：减少配送、提高卖价精度、处理大量数据。

1. 配送减少，买卖顺畅

观察现在的买卖案例，我发现可以减少配送成本的案例。

例如，冲绳人从东京人那里购买 iPhone，而东京人从冲绳人那里购买状态相同的 iPhone（见图 2）。在这种情况下，即使不是完全一样的 iPhone，如果冲绳人和东京人之间能进行交易的话，对用户来说会更"高兴"。在近距离内完成交易，不仅可以降低配送成本，而且在到达时间方面也有优势。

考虑到快递人手不足的问题，这或许能减轻一些负担。而且，刚才提到的"卖得容易"，把商品包装得严严实实，然后送到配送员或便利店，这也是阻碍"卖得容易"的原因之一，所以，觉得在附近亲手送比较方便的人也可以尽量避免他人配送。

像这样不仅是人，包括配送在内的匹配也是需要计算成本的最优化问题。即使不是完全最优的，只要用量子计算机高速得到好的解就会非常有用。

图 2　考虑距离因素影响的供求匹配

2. 提高销售价格建议的准确度，加速买卖

现在，在我们的服务中，会向卖东西的人提出可能会卖得好的价格。它根据卖家上传的图片推算出卖家想卖的商品，并根据过去的成交数据，通过机器学习来决定建议价格。提案价格的准确度提高了，卖出的时间也会加快，这样的话买卖的效率会更高。

2017 年，我们在 Kaggle 社区举办了名为 Mercari Price Suggestion Challenge 的预测销售价格的竞赛。Kaggle 是一个聚集了全球 40 万数据科学家，每天举行数据分析竞赛的社区。根据我们举办的比赛的结果，从世界各地的人参加的竞争结果来看，人的精度还是比机器学习要好。

如果量子计算机能够实用的话，我希望机器学习的精度能够进一步提高。如果能产生上传照片的瞬间就能卖出去的轻松感，我想卖照片的人会越来越多。

3．处理大数据，创造新价值

我们于 2017 年成立了名为"Mercari R4D"的以社会实践为目的的研究开发组织。R4D 是指研究的四个方面，设计（Design）、开发（Development）、部署（Deployment）、破坏（Disruption），以快速研究开发和落地为目的。这其中也包括量子计算机的应用，除此之外，我们还在做 XR（AR、VR、MR）的应用、区块链的应用、卫星数据的应用。

其中，卫星数据需要处理的数据量多，解析起来也很麻烦，因此与量子计算机可能是绝配。例如，从卫星数据推测地球上的气象和土壤的状态或许将成为可能。实际上，如果能知道这些数据与购买行为相关，或许就能开展新的服务。像这样，今后新的数据还会不断增加，人们对量子计算机的期待也会越来越高。

进一步说，如果通过量子计算机实现卖的人和买的人的匹配，那么就会变成物物交换的世界，金钱登场的机会可能会减少。金钱原本是为了提高物物交换的流动性而产生的。因为一旦积累了价值，就可以不分时期地进行价值交换。如果金钱的出现机会减少，那么与金钱交易相关的手续费自然也会减少，买卖的门槛也会随之降低。

Mercari 每天从现场收集了大量的信息，致力于让顾客更愉快地进行买卖。而且，它并不是只关注眼前的顾客，而是以长远的眼光致力于通过技术创造新社会。

以这样的技术视角，我们采访了致力于量子计算机研究的永山先生。永山先生在庆应义塾大学读书时就开始研究门型量子计算机和量子互联网，从 2018 年开始在 Mercari 研究退火型量子计算机。

永山翔太先生：

现在是刚刚开始的调查阶段。今后，我们的研究将一边持续与国际最新的技术对标，一边研究退火型量子计算机的特长。

在企业中进行研究的好处在于，可以通过观察商业，发现新的研究课题。虽然量子计算机的应用领域还很遥远，但就像人工智能在某个领域实现了与人类相近的性能而迅速普及一样，当量子计算机超越了世界上的某个阈值时，也会迅速普及。

我认为在这样的时代尽早将其应用到服务中，也是企业研究人员的责任。

4.4 采访：野村控股株式会社、野村资产管理株式会社——用金融的力量打造富足的社会

野村控股是一家全球性的投资银行集团，其业务遍布世界30多个国家和地区，42%的员工为海外人员。野村控股及其集团公司野村资产管理公司从2018年开始致力于利用量子计算机解决实际业务问题。金融业界自古以来就活跃着综合运用数学、统计学和信息科学的金融数据科学家，但近年来，金融机构所处的环境发生了巨大变化。这次我们就金融的现在与未来进行了访谈。

林周仙　野村控股　金融创新　推进支援室

泷川孝幸　野村控股　金融创新　推进支援室

阿部真也　野村资产管理　资产运用尖端技术　研究部

田所祐人　野村资产管理　资产运用尖端技术　研究部

社会与金融是紧密相连的，量子计算机有可能成为新的社会形态的技术基础。

林先生、泷川先生、阿部先生、田所先生致力于用新技术在支撑我们丰富社会的金融世界掀起革新。人工智能的应用自不必说，作为未来的世界，量子计算机也将成为他们的着眼点。

泷川先生首先介绍的是金融业界正在发生的变化。

泷川孝幸先生：

如果我说金融业就是信息产业，你会感到惊讶吗？以股票这种金融商品为例，某公司在什么时候发行的股票，以多少钱购买的"信息"的价值每天都在变化。信息处理自古以来就是金融机构竞争力的源泉之一。如何将世界上现有的信息提供为新鲜度高、附加价值高的投资信息，可以说是金融机构的竞争优势所在。但是在信息化时代，据说每个月流通的数据达 1.2 亿 TB。依靠人力对如此庞大的信息进行筛选和分析已经不现实，需要与机器共生。

金融机构所处理的信息虽然非常庞大，但与世界上的信息相比，还只是很少的一部分。反过来说，我们也可以认为金融机构还有很大的潜力，但作为处理如此庞大信息的前提，必须有能够处理庞大信息的系统基础。这也是我想要灵活运用量子计算机的契机之一。

实际上，金融世界正在发生巨大的变化。对于大多数人来说，在日常生活中意识到金融机构的机会并不多。但是，最近 LINE、乐天、Yahoo！ Japan 等，作为人们日常接触的服务的延伸，智能手机应用程序的结算盛行起来，金融已经深入到人们的生活中。各行各业之间的隔阂空前降低，现在正是不知道未来会有哪些行业进入金融领域的时代。

在这种环境变化的影响下，与生活相关的数据，特别是金融行业至今未被使用的所谓"另类数据"的价值越来越高。

所谓的另类数据，包括文本、语音、图像等数据，通过灵活运用这些数据，今后可能会不断产生新的金融形态。

虽然金融与日常生活有一定的距离，但实际上随着技术的发展，已经逐渐渗透到我们的日常生活中。在探索大数据和金融新可能性的潮流中，等待我们的是怎样的新世界呢？量子计算机被寄予了开辟这个世界的厚望。那里有怎样的可能性在扩大呢？

【用量子计算机实现与生活密切相关的金融】

泷川孝幸先生：

刚才提到了另类数据，还有一个大家非常熟悉的例子，那就是账本。

家庭收支账本除了反映人们的生活方式和家庭环境外，还包括生活方式的转机，例如结婚、生子等生活事件相关的信息。对于自己来说什么样的生活方式比较好，或者结婚生子后应该怎样生活，日常生活中不一定有很多能给你提示的信息。但是，将众多人的家庭收支记录信息结合起来，或许就能发掘出自己都没有注意到的"沉睡需求"，也能提前了解到和自己家庭环境相同的人在结婚或生育后的生活状态。如果只根据自己的家庭收支账本上记录的过去数据来进行未来设计的话，只能从过去生活的延长线上进行思考，但是将各种家庭收支账本上的数据相乘，就能很好地把握住人的个性，从而获得未来设计的灵感。我认为，如果能建立起共享的机制，就能探索出令人眼前一亮的新生活方式。

林周仙先生：

当今时代，尊重每个人的个性是最重要的。人们在日常生活中会接触到无法处理的大量信息，以媒体为例，人们希望能像过去一样，周一晚九点准时收看月九剧（月九：日剧专用术语，又名月21。日语中星期一称为"月曜日"，富士电视台周一晚九点黄金剧场播出的日剧被称为"月九"。月九剧是日剧的一块黄金招牌。作为黄金强档主打，富士所有重头戏都放在"月九"这个时段播出，向来是富士台当季日剧收视风向标）。有的人会看 YouTube，有的人会看 Twitter，有的人会看网络新闻，人们会以不同的价值观行动，如图 1 所示。

图 1　生活方式的多样化

为了帮助这些人进行个性化的生活设计，可能需要处理庞大的数据量。如果量子计算机的性能今后能够进一步提高的话，或许它就是将来的计算基础。

随着结算方式的变化，金融逐渐融入人们的生活，我们是否可以根据生活方式的变化，根据个人喜好提出生活设计方案呢？大量的数据，以及作为处理数据基础的新型计算机的可能性。金融的未来图景与量子计算机的亲和性很高。

除了对个人的金融服务，也有对企业的金融服务，泷川先生的故事非常有趣。

泷川孝幸先生：

本公司也支持企业的 M&A（Mergers and Acquisitions，企业并购），

包括兼并和收购两层含义、两种方式。国际上习惯将兼并和收购合在一起使用，统称为 M&A，在中国称为并购。哪些企业组合在一起会产生巨大的价值，这是由专家根据庞大的信息做出判断的。当然，实际上，由于定性信息无法体现在表面的财务数据上，需要通过人工访谈等方式获取，所以我认为这一工作不会马上被量子计算机取代。但是，如果你能接连不断地提出能够帮助他们的提案，那就很有趣了。专家需要考虑的项目非常多，而且企业之间的组合数量也非常多，我认为这本身就是一个组合最优化问题，而专家的决策就是量子计算机。支持我们的时代将来也许会到来。

把企业并购换成身边的例子，就是寻找结婚对象。考虑结婚对象的要素有很多。即使对方所在的公司现在不太知名，将来也有可能快速成长。虽然第一印象和自己的价值观不一致，但如果将眼界放宽一些，也许就会有跨越价值观差异的夫妻。如果量子计算机不断地将结婚模拟结果做出来，或许我们就能做出更好的选择。而且，不考虑眼前的好坏，很难从长远的角度做出选择。

M&A 可以说是企业的"联姻"，它是以大量信息为基础的庞大企业之间的组合最优化问题。泷川先生展望未来，或许能用量子计算机提出双赢的方案。

接下来，我们来谈谈田所先生的野村资产管理公司的资产运用。

【量子计算机与资产管理的结合点是什么】

田所祐人先生：

我在考虑能否将量子计算机用于投资组合分析。所谓投资组合，是指将持有的资产分别以怎样的比例进行投资的资产构成。在投资界，通过合理管理投资组合，可实现资产增值。

以信托投资为例，客户把钱交给基金经理保管，基金经理通过对股票、债券、房地产等进行投资，使资产增值，并根据市场行情和未来的动向，对股票、债券、房地产等进行判断，如何分配资金，以及在股票中具体投资什么品种、投资多少等，如图 2 所示。

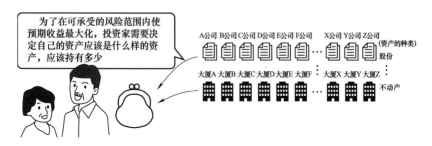

为了在可承受的风险范围内使预期收益最大化，投资家需要决定自己的资产应该是什么样的资产，应该持有多少

A公司 B公司 C公司 D公司 E公司 F公司　　X公司 Y公司 Z公司（资产的种类）
股份
大厦A 大厦B 大厦C 大厦D 大厦E 大厦F　　大厦X 大厦Y 大厦Z
不动产

图 2　投资家在可承受的风险范围内，从数量庞大的金融商品中
找出分配资金的组合

一般来说，如果期待某种商品将来价格会大幅上涨，那么其价格波动幅度就需要相应的幅度，正因为价格波动幅度大，在意料之外的情况下降价的金额也会很大。在结合风险和收益特性的基础上，根据客户的喜好进行投资，比如期望获得多大的收益、能承受多大的风险等。

最终决定采用什么组合的过程，实际上是庞大的组合最优化计算的过程。以只投资日本股票的信托投资为例，在日本上市的股票品种不到 4000 个。考虑将其中的投资项目缩小到 150 个左右的情况。从庞大的企业信息中挑选出符合客户喜好的组合非常困难，而且在根据市场行情更换项目时，买卖过多会增加手续费，所以要决定以怎样的节奏进行买卖也很考验人。另外，如果包括海外股票的话，不仅有近 10 万股，还需要考虑汇率，计算起来更加复杂。

普通的计算机要想认真完成这么大的优化计算是非常花时间的。当然，还是要利用经验法则进行集中计算，但如果用量子计算机不拘泥于以往的经验法则，从更多的组合中推导出更好的投资方法，那将是非常有趣的事情。

另一方面，在金融投资领域，甲方有必要向乙方充分说明投资缘由。基金经理必须说明为什么做了那个投资。"因为计算机是最合适的"

这样的说明是行不通的。退火型的量子计算机具有采样功能，可以得出很多最适合的候选解，在投资界也是如此，计算机会给出很多好的候选解，再加上专家的见解。将来可能会实现计算机和人类的共生，从而做出更好的选择。

阿部真也先生：

本公司通过人工智能推测投资项目的魅力度，为基金经理的投资判断提供帮助。不过，由于算法复杂，需要另外调查因果关系，即哪种信息对投资品种的吸引力有多大的影响。2018 年 2 月 27 日，野村控股和日本东北大学宣布，为了将 D-Wave 机器应用于资产运营业务，将展开共同研究。在这次与日本东北大学的实证实验中，验证了因果推断算法能否在量子计算机上求解。

另外，关于交易成本，用身边的例子来补充一下：开车时，正好赶上交通高峰，大家都涌向特定的地点，结果导致道路拥堵，明明选择了最短的路径，却花费了很长时间。这个故事告诉我们，不能只短视地看待自己的交易，而必须考虑整体的交易流程，在这一点上，金融行业和交通堵塞也有相通之处。

例如，必须大量购买特定商品时，如果一次性完成订单的话，自己发出的订单会导致市场价格上涨，结果自己发出的下一个订单就会以更高的价格被处理。最终导致自己提高了交易成本。如果必须考虑这样的交易动向的话，计算就会变得越来越复杂，如果量子计算机将来能够对交易成本的预测进行优化就好了。

投资的世界也需要传统计算机无法解决的巨量优化计算，田所先生和阿部先生利用量子计算机，正在挑战接近投资的终极形态。有趣的是，从个别优化转向整体优化。这是新型量子计算机的应用之一。最后我提出了一个问题——未来，量子计算机将会成为金融领域的一种什么样的存在呢？

田所祐先生:

如果量子计算机能够应用于金融领域的话,我想各家公司将会展开基于量子计算机的竞争。金融行业是一个如果赶不上新技术就有可能被淘汰的行业。例如,现在是用计算机进行分析的时代,所以没有不会用计算机的人。如果使用量子计算机已经成为理所当然的话,接下来就是如何更好地使用量子计算机的竞争了。

量子计算机还处于令人兴奋的实验阶段。虽然不知道这次所说的未来会不会成为现实,但我希望通过世界上前所未有的挑战,创造一个新的金融时代。

4.5　采访: LINE 株式会社——缩短世界上人与人、人与信息和服务之间的距离

作为社交软件,LINE 可谓无人不知无人不晓。如今,从漫画、音乐等娱乐服务,到在线支付、购物等生活服务,这家公司不断为用户创造贴近生活的价值。

LINE 株式会社

我相信这样的一天一定会到来——量子计算机会让人工智能更加贴近生活

高柳先生著有多部著作,作为数据科学家他一直活跃在一线。与量子计算机的相遇是在 Recruit Communications 公司工作的时候。在支撑广告如何有效投放的技术,被称为广告技术的发展过程中,我们通

过直接接触 D-Wave 机器，建立了各种各样的应用实例，解决了组合最优化问题的量子退火。后来，即使他换了工作，他个人也一直在接触量子计算机技术。

高柳老师首先讲述的是他第一次接触量子计算机时感受到的冲击。

【量子计算机让人工智能离我们更近】

接触量子计算机后的第一感觉是"啊，这个还没开始计算吧"。我吓了一跳，速度太快了。当计算结果出现在屏幕上时，我还在想屏幕上显示的结果会不会是事先设定好的答案，会不会被骗了？答案是否定的，实际上当时的技术结果是量子计算机精心计算的结果。这可不得了。后来通过继续深入，我发现量子计算机是越用越觉得有趣的技术。虽然不是什么都能用，但一旦迷上，就会深陷其中。即使是现在，我也常常在不知不觉中思考能让我对这台计算机着迷的新课题会是什么。

其中，最近备受关注的是"提高机器学习的解释性"，也常被称为说明性。机器学习中使用的深度学习方法最近非常火。深度学习在语音对话、聊天机器人、图像识别等机器学习的用途越来越广泛，但实际上，机器学习，尤其是复杂的机器学习，其内容模型大多是黑箱化的，人类无法对这一部分的内容进行解释。这妨碍了机器学习在一些应用程序中的普及。

例如，在很多情况下，像刚才提到的聊天机器人那样的世界里，即使答案在某种程度上是错误的，也是可以接受的。但是，如果换一种场景，考虑机器人一边对周围进行图像识别，一边运动的应用程序，机器人就不会想到如果因为动作不小心撞到周围的人而受伤，那可要出大问题。在这种必须保证工作质量的用途中，有责任对异常工作进行说明（见图1）。虽然性能很好，但无法说明其工作原理，这对系统制造商来说是一个很大的课题。

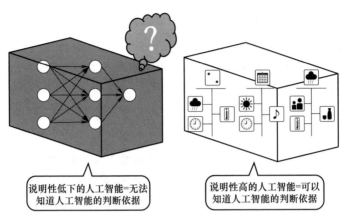

图 1　人工智能的说明性

为了解决这个问题，在各种各样的国际会议上召开了关于机器学习和人工智能的解释性的演讲和研讨会，最近一次是在 2017 年的 NIPS 国际会议（后来更名为 NeurIPS）上提出了被称为 SHAP 的技术。NIPS（神经信息处理系统大会）是一个关于机器学习和计算神经科学的国际会议。该会议固定在每年的 12 月举行，由 NIPS 基金会主办。NIPS 是机器学习领域的顶级会议。在中国计算机学会的国际学术会议排名中，NIPS 为人工智能领域的 A 类会议。SHAP 技术是分析某个特征量对预测做出多大贡献的一种方法，为了计算这篇论文中出现的公式，必须进行有关"特征量组合"的计算。我在想，能不能用量子计算机轻松地解决这个问题呢？如果机器学习的解析性问题可以通过量子计算机得以解决，也许有一天所有的应用程序都能搭载机器学习的功能。

我们身边充斥着的人工智能，要想普及到所有的事物，还需要面对一个巨大的课题，那就是解释性。高柳先生提出通过量子计算机解决这一问题，描绘了人工智能进一步发展的世界。精通量子计算机和数据科学这两个领域的高柳先生的故事，我们从这里开始展开说明。

【量子计算机创造出小巧的人工智能】

你知道在机器学习的世界里有一个叫 Kaggle 的有趣活动吗？Kaggle 是由联合创始人、首席执行官安东尼·高德布卢姆（Anthony Goldbloom）于 2010 年在墨尔本创立的，主要为开发商和数据科学家提供举办机器学习竞赛、托管数据库、编写和分享代码的平台。该平台已经吸引了 80 万名数据科学家的关注。该服务是针对赞助企业提出的数据分析题目，数据科学家们通过机器学习等分析方法来比拼解题精度的竞赛服务。这个竞赛产生许许多多非常先进的人工智能技术，其中最有代表性的是最近赫赫有名的 Bagging 算法。Bagging 算法又称装袋算法，是机器学习领域的一种团体学习算法。最初由 Leo Breiman 于 1996 年提出。Bagging 算法可与其他分类、回归算法结合，在提高其准确率、稳定性的同时，通过降低结果的方差，从而避免过拟合的发生。

Bagging 算法的特点是各个弱学习器之间没有依赖关系，可以并行拟合，加快计算速度。在 Bagging 算法中，虽然数值很少，但是作为最优化问题，它也是有一定难度的。我也在想，量子计算机或许能在这方面发挥作用。虽然说量子计算机的量子比特数还比较少，解决不了太大的问题，但是处理经过压缩的数据是它擅长的领域。

举个例子（见图 2）。首先，假设你手头有一组数据（$N \times M$ 大小）。这不是在量子计算机上，而是在个人计算机上使用机器学习算法进行学习。假设结果是某个预测模型（f_{ci}）。通过改变模型或改变参数，我们可以得到多个预测模型（K 个）。所谓 Bagging，大致来说就是"以这 K 个预测模型中的平均值原则或者多数原则的结果为输出，建立新的预测模型"，这 K 个预测模型对新的预测模型并没有做出一样的贡献。

因此，我们想去除那些多余的预测模型。我在想能不能在这个环节中考虑使用量子计算机。将"是否使用预测模型（使用：1，不使用：

0)"作为变量，进行最优化（图中的 $Q(i)$ 是返回最终使用或不使用的索引，K_Q 是最终使用的预测模型个数）。在这种情况下，不需要直接处理原始数据（$N×M$ 的大小），只要处理 K 个预测模型产生出来的数值就可以了，所以即使是量子比特数很少的量子计算机也能处理。也就是说，我认为现在的机器学习也有很大的用武之地。量子计算机的应用并非遥远的未来，而是近在眼前。

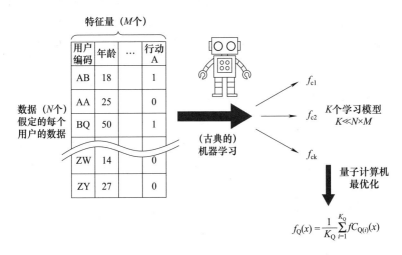

图 2　通过量子计算机提升机器学习的精确度

另外，最近出现了一个有趣的话题，叫作 TensorFlow Lite。TensorFlow Lite 是一种用于设备端推断的开源深度学习框架，可帮助开发者在移动设备、嵌入式设备和 IoT 设备上运行 TensorFlow 模型。TensorFlow 是谷歌推出的机器学习开源软件，将 TensorFlow 的训练模型转换成可以在智能手机上运行的形式，然后智能手机可以直接使用机器学习的结果。大量数据的机器学习是由计算机来完成的，学习的结果由智能手机来使用，但如果智能手机无法将机器学习的结果压缩到超紧凑的程度，那么耗电量就会过大，内存就会不够，无法运行。另一方面，如果什么都不考虑就把产品设计得过于紧凑，就不会有好的性能。因此，如果用量子计算机进行超紧凑、超高精度的机器学习，世界将会非常有趣。

无论哪一种，都不能强迫量子计算机完成全部任务，而是将一部分任务交给 GPGPU 等经典计算机，量子计算机则用于其擅长的紧凑部分。这就是在不久的将来现实中可能出现的样子。

很多人认为量子计算机的比特数还很低，应用领域还很遥远，但高柳老师却描绘了很多可能马上就能运用的场景。随着机器学习的精度不断提高，机器学习变得更加紧凑，其应用范围也将大幅扩大。

接下来，话题扩展到应用领域。

【量子计算机让应用更有趣、更方便】

我想把 LINE 公司的应用程序和量子计算机联系起来。如果有一个 LINE 小组（类似于微信群）创建的最优化之类的世界不是很有趣吗？现在的 LINE 小组基本上都是自己邀请朋友组成的，如果能自动生成活跃的成员和人数就好了。例如，根据他们过去的行为数据比如投稿记录、LINE 贴图的样式、在 LINE 购物时的购物记录等，将他们组合在一起，会产生有趣的对话。而且，并不是简单地把有相同倾向的人集中起来就可以了，而是要找出能够带动话题的人、善于配合话题的人等，要想保持平衡，就需要将无数参数组合起来，用现有的计算机进行处理。这是一个很有挑战性的课题。

另外，广告显示的最优化问题也很有趣。大家用过 LINE 漫画吗？在这个应用程序中会并排显示多个广告。虽然显示的广告是从用户过去的行为记录中出来的，但与单纯从行为记录中出来的内容相似，而且也不知道这是不是用户现在真正需要的东西。一言以蔽之，就是推荐缺乏多样性。举个例子，我在 LINE 上买了海豹和熊猫的表情包，就会推荐无数的海豹和熊猫表情包（见图 3）。我已经有很多了，不需要了（笑）。我们今后将继续改善这种显示的最优化，如果量子计算机也能很好地发挥作用，那将会很有趣。

图 3　类似的表情包推荐

在近年来的 Web 服务中，基本上都配备了基于用户行为习惯的推荐服务，在切入现状的问题点时，大家发现技术关键词是"组合最优化问题"。一个账号的基于用户行为习惯的推荐服务，不仅仅是要推荐最适合那个人的东西，还要下功夫推荐那个用户可能做出的新的选择。建议建立聚集人群的社区，向顾客展示真正需要的广告，着眼于人们真正需要的东西，找到解决这些问题的方法，就有更大的可能性。高柳老师看到的就是这样的世界。接下来，下面的话题将扩展到该领域的经营方法和对未来的展望。

现在的数据处理技术，在各行各业都有共通的东西。而且行业不同，前进的方向和速度也不同。我认为这是各行各业的人联手创造新价值的机会。例如，以机器学习为代表的数据分析技术，在 IT 企业中正在飞速发展。先推出服务，然后再慢慢更新迭代。另一方面，对于生命攸关的行业，例如医疗保健和汽车领域，可靠性的确保是非常重要的，需要踏踏实实地让技术变得成熟之后再发布。但是，随着物联网的发展，物品与数据分析相连接，在数据分析这一意义上，两者有很多共通的部分，如果能进一步交流，产生协同效应的话，对双方来说都将有很大的发展。把 IT 业界理所当然的东西带到其他行业，反之亦然。对于量子计算机，现在各行各业的人都开始提出了各种各样的提案，但是应该也有很多共同的部分。

我认为，未来的量子计算机世界应该是，人活在其中并且无须感知到其存在和运作着的世界。譬如，当玩手机时，我们无须知道里面是怎么运行的吧？像这样融入生活中，成为理所当然地支持你的存在就好了。

4.6　采访：DeNA 株式会社——利用互联网和人工智能，为世界带来惊喜

DeNA 主要经营社交游戏平台 Mobage（梦宝谷），该平台为包括日本、中国、韩国和其他国家地区的玩家提供由第一方、第三方开发的免费多人在线移动社交游戏。DeNA 的业务范围很广，除了梦宝谷的游戏业务外，比较有名的还有横滨 DeNA 海湾之星公司的日本职棒体育业务，网络二手品电商最近已经拓展到了保健业务和汽车业务。DeNA 基于互联网和人工智能技术为社会创造了价值，现在，他们也有团队已经开始了新技术量子计算机的研究。

国松健治

DeNA 株式会社
汽车事业本部
高级经理

量子计算机为世界带来新的乐趣！

在汽车事业本部，国松先生负责拓展汽车等交通工具的移动服务，以及新项目的启动。国松先生走南闯北，从技术和市场两方面不断迎

接新的挑战，以期创造未来新的移动世界。最近，国松先生开始对量子计算机产生兴趣，这一切缘起于他和作者寺部在一次汽车类会议上的相遇。

国松先生设想的移动的未来，量子计算机将会是怎样参与进去的呢？接下来，首先介绍 DeNA 在移动服务方面的努力。

未来，随着共享服务和自动驾驶的发展，汽车服务将发生很大的变化。在这一过程中，我们服务运营商首先要应对从"所有权"到"使用权"的变化，并在未来将自动驾驶纳入其中。我们看准了这样的未来，从长远来看，进行了很多自动驾驶的实证实验，而近期来说，也推出了 MOV 打车服务。

MOV 是一种可以用智能手机呼叫出租车的服务。通过这项服务，用户可以从各种出租车公司中叫到离自己最近的出租车。通过 MOV，人们可以比直接打电话给出租车公司更快地坐上出租车。另外，可以实时了解出租车的位置和到达时间，可以有效利用等待时间。而且，由于支付是在网上完成的（见图 1），因此下车的时候也很顺畅。

图 1　MOV 应用程序界面

2018 年 12 月，DeNA 提出了前所未有的全新移动体验方案——0 日元出租车（见图 2）。该措施是通过向想要投放广告的企业支付出租车费用作为广告费，免除乘客的费用负担。由此，在社会上获得了很大的反响。类似于这样一些林林总总的创新，DeNA 不断探索着移动的存在方式。

图 2　限时活动——"0 日元出租车"

DeNA 在重视客户获得价值的同时，移动服务领域与量子计算机的结合点在哪里呢？

【未来我们希望做到——还没叫车，出租车就已经靠近了】

如果能通过量子计算机，实现在被客人叫到之前就能高效调度出租车的世界，那就太好了。如果客户想叫出租车，出租车却不在附近，或者驾驶员想找客户，客户却不在附近，双方都会感到不便。为了解决这个问题，DeNA 将会出一款供驾驶员使用的人工智能产品——根据过去的数据预测未来的用车需求。我们希望驾驶员们能通过这些信息与客户进行很好的匹配，同时另一方面，出租车会集中在需求高的地方，而在需求少但有需求的地方就无法很好地匹配（见图 3）。为了消除这种偏差，有必要采取最合适的调度方式来分散出租车。

但是，要实现这种最合适的打车方式，还需要解决一些问题。首先，不能只根据乘客和出租车的位置关系来决定。MOV 使用的共享模式是可以呼叫多家不同公司的出租车的模式，因此不应该只向特定的出租车公司分配，而是应该合理分配。另外，即使出租车与客户的直线距离很近，但如果出租车在反方向的车道上行驶，就会花费更多的时间，因此在匹配时也需要考虑出租车的行驶方向。

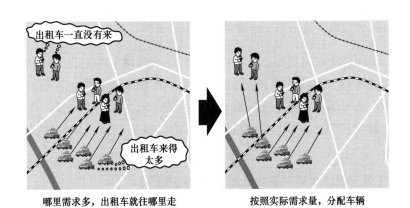

图 3　根据需求量的按需分配车辆示意图

考虑到这些要素，数千辆规模的调度存在无数的组合。这些组合在不同的情况下会有很大的不同，所以我们需要使用量子计算机。从无数的组合中，量子计算机能够以比以前更快的速度，给出更好的解，进而给客户提供更好的解决方案。通过这些，我想也许量子计算机在未来能为出租车创造一个快乐的世界。

【宁愿顾客最开心，也不希望顾客等待时间最短】

如果用量子计算机优化计算变得非常快的世界到来，我想挑战的不仅仅是"出租车早到"，而是将顾客的喜悦最大化。

例如，根据情况的不同，我们举两个极端的场景：场景一是早到但等红绿灯或堵车的时间长；场景二是"晚到但等红绿灯或堵车的时间短。相比之下场景二更能减轻压力，所以，早到不是最好的办法，一味追求早到也许无法将顾客的喜悦最大化。

另外，在乘坐出租车的过程中，也许会遇到像刚才提到的0日元出租车一样的奇怪的出租车，或者从彩灯附近经过，也会增加喜悦。

另外，除了选择最短距离之外，还可以引导每个人选择能给顾客带来喜悦的路线，从而在不知不觉中减少交通堵塞，以幸福的方式为社会做出贡献。这应该是一件非常开心的事情。

在顾客呼叫出租车之前，系统就已经按照每个可能的顾客的需求准备好网约车随时待机了，顾客一呼叫，出租车马上就会来——未叫先备，随叫随到。国松先生看准了这样的未来世界。接下来，我们将话题转移到 DeNA 所涉足的其他业务中，探讨量子计算机发展的可能性。

【消灭软件漏洞，走向不发生异常的世界】

最近，我们也在关注 Lockheed Martin 公司（洛克希德·马丁公司）使用退火型量子计算机进行的软件漏洞检测，如图 4 所示。软件的质量直接关系到服务的质量，很多行业的软件由于服务节奏过快，更新迭代也很快，测试的时间有限。软件规模大的情况下，实施全部输入组合的测试从计算时间的观点来看是很困难的，所以通常测试实例不

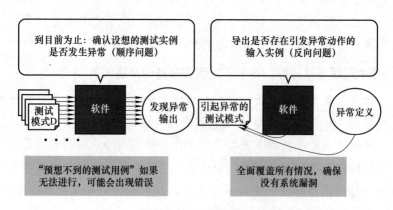

图 4　利用量子计算机的软件错误检测

一定会完全覆盖所有可能性。虽然可以有对其结果进行预想的动作验证，但也有可能出现预想不到的遗漏。如果能用量子计算机进行全面的验证，那就可以解决这个问题了。

【制药业、游戏业等很多行业都正在发生改变】

组合最优化问题除了之前的例子以外，在 DeNA 的业务范围内也有很多。例如，在药物研发原材料的组合选择上，目前已经用人工智能进行了分析，但我认为，使用量子计算机将有可能进一步改良。

另外，在游戏的例子中，也可以考虑使用量子计算机。比如说，在游戏中，计算机的水平并不是越强越好。比起围棋中的 AlphaGo 那样的强大对手，大多数情况下，玩家更喜欢与玩家极限水平相当的计算机。不过这个极限强度也不能犯低级错误，如果量子计算机能计算出最适合的极限水平，那将会使游戏变得更加有趣。

4.7　采访：MICHINORI 株式会社——引领客车行业变革

MICHINORI 株式会社成立于 2009 年，由日本的"经营共创基盘"出资成立，日本的"经营共创基盘"是承接国家事业再生基金的机构。MICHINORI 株式会社成立的使命是拯救经营困难的地方公共汽车公司。到 2019 年为止，MICHINORI 株式会社已经创业 10 年了，一开始仅有东北、北关东两家公共汽车公司，目前已经扩展到了 5 家公共汽车公司。现在 MICHINORI 株式会社已经拥有超过 2400 辆公共汽车，是日本屈指可数的交通事业公司。通过以集团的形式相互合作，充分利用了自动驾驶、ICT、MaaS 等新技术，并不断进行创新实验，这些技术创新仅靠一家地方公交公司是根本无法做到的。

浅井康太

MICHINORI 株式会社
经理

公共汽车行业对量子计算机充满了期待

浅井和作者之一（寺部）是在 2018 年 1 月拉斯维加斯举行的世界最大的消费电子展（Consumer Electronics Show，CES）的会场上相遇的。当时，寺部以"由量子计算机引发的移动物联网革命"为题发表了演讲，吸引了很多人前来参观。公交行业是一个拥有 100 年以上历史的行业，对于新事物和新技术的反应比较缓慢，然而，他们却热心地讨论量子计算机的可能性，以期将不同领域结合起来创造出新的价值。

浅井先生一开始就热情地讲述了公共汽车行业正在发生的巨大变化。

以公共汽车为代表的公共交通领域，原本就很难单靠民间收入实现收支平衡。在欧美各国，作为一项基本的保障人员流动权利的社会基础设施，很多时候是靠政府的拨款进行运作的。例如，如果从郊外到城市的交通方式中断，那么居住在交通不便的郊外就会成为阻碍社会发展的主要原因，这被认为是造成社会差距甚至社会分裂的原因。另一方面，日本政府虽然对公交事业有一定的补助金，但是日本公共汽车业务一直都是以民营为主。近年来，日本公交行业的经营环境也发生着巨大的变化。

第一个原因是机动化带来的移动手段的变化，以及人口减少导致的地方人口过疏加剧，使用者大幅减少。第二个原因是原本维持服务的驾驶员不足导致经营环境严峻。即使有服务需求，也很难确保提供服务的资源。第三个原因是 CASE（汽车互联化、无人驾驶化、共享服务化、电动化的总称）和 MaaS（汽车服务的应用）等新技术带来的行业变化。

全新的服务场景和全新的竞争者的加入，对现有的公共汽车运营商也产生了不小的影响。针对这样的变化，我们运营商为了持续提供服务，下面介绍一下我们正在面临的挑战。

对于普通人来说，平时乘坐公共汽车时并没怎么感到变化。可是，对于浅井先生这种业内人士来说，新的挑战早已经开始了。

【ICT 改变总线】

2015 年，旗下的岩手县北公共汽车和大和运输进行了货客混装"人物公共汽车"这一日本首次的实证实验（见图 1）。所谓货客混装，就是打破人用公共汽车、货物用货车运输的概念，让人和货物通过一辆车进行运输。事实上，很多地方有人少而货多的情况。另外，人和货物运输的高峰时间也是不一样的。"这样的话，一起搬运的话效率会不会提高呢？"

但实际操作后发现，将货物和人一起搬运存在各种各样的问题。现在的路线是把货物放在公共汽车上，方便运送人员，但有时也会配合货物的运送，顺便搭上人。但是，如果用运送物品的路径运送人，从人的角度来看，就会走很大的浪费路径。所以，货客混装需要解决的问题是——如何将人的需求和物品的需求组合起来，导出最佳路径。

"让车辆等闲置资源更好地进行匹配"，这是最近经常听到的共享经济一词的主旨。浅井提出了将其用于货客混装。即使创意本身很简单，要实现它也会遇到各种各样的障碍。而且，这也与量子计算机所擅长的路径优化问题密切相关。或许将来，人们乘坐公共汽车时，大件货物也可能同时放在旁边的座位上。

图1　货客混装的实证实验"人物公共汽车"，在公共汽车的前部运送乘客，
在公共汽车的后部运送物品

为了解决地方客流不足的问题，公共汽车行业开始在旗下的会津公共汽车进行智能公共汽车站的实证实验。公共汽车根据交通状况晚点的情况非常多。到目前为止的公共汽车站，只贴着纸质的时刻表，实际上不知道什么时候公共汽车会来。当然，如果有智能手机的话也可以确认，但使用者大多是老年人，所以看不到。为了解决这一问题，如果将公共汽车站数字化（见图2），实时显示运行状况，那么即使没有智能手机，也能知道公共汽车什么时候来。实际上，新加坡和欧洲的部分地区已经开始使用。

智能公共汽车站将公共汽车站与行驶中的公共汽车连接，目的不仅仅是为了确认现在的运行状况。通过智能公共汽车站，将来可以根据乘客的需求灵活运行。例如，运营商想要根据用户目的地的需求灵活运行；或者，可以为由于突然的大雪而陷入困境的人们调配公共汽车等，目前这些场景运营商很难做到。

这里面有两个原因，其中一个原因是，没有办法通知乘客加开了公共汽车。在公共汽车站中设置一个可以马上通知乘客的系统是必不可少的。另一个原因是，如果要根据出行需求进行运行，就需要结合现在公共汽车的运行状况，制定运行计划和驾驶员的配置计划，这就需要庞大计算量的优化问题。如果能用量子计算机解决后者，那就很有趣了。

图 2　智能公共汽车站

智能公共汽车站不仅仅是把汽车标识变成了数字，其背后还有更大的意义。智能公共汽车站将把公交车站周围的万物连接到网络上，可能会产生其他方面的重大意义。浅井先生对新技术十分敏感，也想了很多可能的新场景。

回到刚刚我们提到的"公共汽车驾驶员不足"的问题，公共汽车乘务员和公共汽车运行日程表的最优化在日本也被称为交番表（可以理解为排班表），交番表看似简单、不起眼，却是非常重要的课题。所谓交番表，是指在满足客车时刻表数量的同时，调整必要的乘务人员数量和客车数量而制作的一天的乘务人员计划表，如图 3 所示。虽然现在是由熟练的管理者根据经验制作的，但这需要花费相当长的时间，也不知道结果到底有多好。如果用量子计算机解决这样的问题，会很有趣。现在正在配合时刻表的修改等制作交番表，对驾驶员进行分配，在每天的运营中进行微调。就像刚才说的那样，如果能够根据乘客的需求运行的话，交番表的编制也需要更具时效性。例如，因为今天突然下雪，乘坐公共汽车的人变多了，所以要制定加强傍晚回家时间段运输量的交番表。

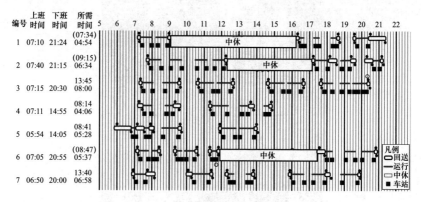

图 3　公共汽车运行的交番表例子

　　如果量子计算机能根据客户的要求，瞬间完成熟练的操作的话，那时的交番表一定会是另外一番景象。随着技术的进步，公共汽车的便利性似乎还有提高的余地。

　　另外，应对尾气排放限制以及日本能源进口的课题也是与公共汽车行业相关的话题之一，我认为量子计算机也有可能应用于此。从减少二氧化碳排放量和防止城市大气污染等角度出发，EV（电动汽车）和 FCV（燃料电池汽车）在世界范围内备受关注。另外，日本的石油依赖于其他国家。因此，由于原油价格的变动，经营环境容易受到很大的影响。在这样的背景下，电动公交车的应用在世界范围内得到了发展。但是，电动汽车的价格就非常高，因此成了电动汽车普及的绊脚石。举个极端的例子，电动公共汽车的车辆费用几乎是柴油公共汽车的两倍，而且电池的使用寿命有时 10 年也达不到，这使得电动公共汽车的实际运营成本比柴油公共汽车高很多。当然，电动汽车的价格虽然在逐年降低，但仍然很贵。电池成本占了电动汽车成本的一大半，如果为了提高续航，扩大电池容量的话，成本又非常高。

因此，如果有量子计算机的话，就有可能实时优化充电日程，利用运行的间隙进行高效充电，从而使容量小的电池也能充分运用。我们的现状是如果突然发生故障，计划被打乱的时候，很难马上做出与突发状况相对应的日程，这里也有车辆使用方法的组合最优化问题。如果能用量子计算机实时解决这个问题，我认为未来的成本会更低。

关于充电时间表的最优化，提出了各种各样的想法。例如，有一个想法是低价调配夜间电力和白天太阳能发电的剩余电力。在电动汽车大量使用的世界，如果全部的车都开始充电的话，发电站就会爆表。因此，很好地分散充电的调度也是必要的。再进一步说，假如明天天气会变冷，所以预想会使用更多的暖气，可以考虑在前一天尽量多充电，降低当天的负荷。鉴于外部环境，我认为有必要进行调度优化。将如此复杂的要素组合起来进行最优化，用现在的计算机很难在瞬间得出答案，真希望使用量子计算机的世界早日到来！

对于使用者来说，电动汽车确实可以改善一部分的环境问题，可是在车辆置换的成本上也有很大的困难。这里，我们感受到了浅井先生胸怀壮志，也感受到了浅井先生将革新性的技术融入公交事业的决心。

接下来，将话题转移到 MaaS 方面。芬兰的 MaaS Global 公司在 2016 年推出了 Whim 服务。该服务可以跨越公共汽车、电车、出租车、共享汽车、共享出租车、共享自行车等城市内各种交通工具，给用户反馈综合的乘车方案，还可以统一预约和结算。乘客只需要简单地进行统一的支付操作，便可以按照乘坐方案在各种交通工具之间切换。过去，各种交通工具是被视为相互独立的，而现在，Whim 的使用者可以无缝连接地使用，如图 4 所示。

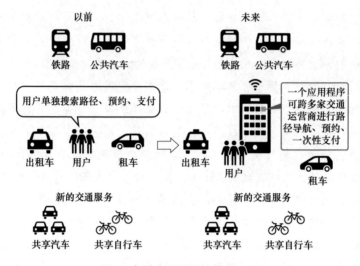

图 4　各种交通无缝连接的 MaaS

　　如果把公共汽车作为一个单独的交通工具，把其他交通工具纳入一个网络来考虑的话，应该会是一个非常有趣的世界。我认为人的移动最终会接近物品的移动网络。大家可以想象一下身边的车站，公共汽车的路线大多以主要车站为中心呈放射状。这是为了最简单地追求人们的便利，不需要换乘就能直接到达目的地。乍一看似乎很合理，但路线划分得很细，需要相应数量的资源（公共汽车和乘务员）。

　　另一方面，我们来看看物流的世界，物流和公共汽车不同，是完全不同的网络。在物流业中，采用的是直接将货物集中到一起，在各个网点之间配送，然后再将货物分开的方法。从每件货物的运输来看，效率可能不高，但从整体来看，层层分级可以提高资源的效率和节省配送时间。如果想要利用有限的车辆和人力来提高服务水平，就需要这样的思考方式，如图 5 所示。当然，我们不能把这个运送货物的方法完全套用在运送客人身上。如果这样，一定会有很多人觉得"为什么我要绕远路"。为了解决这个问题，需要再下点功夫。比如，在车内提供一些符合那个人喜好的娱乐活动，让他感觉乘车的时间变短，或者特意选择景色宜人的地方，减少移动时间。可以考虑换成符合他的价值观的方法。比如，和朋友聊天时，会觉得时间过得很快吧？也就是说，我认为车内的时间的长短是相对的。如果量子计算机能够根据个人喜好设计优化的方案，创造出一个对个人和公共汽车提供者都很高兴的交通世界，那就很有趣了。

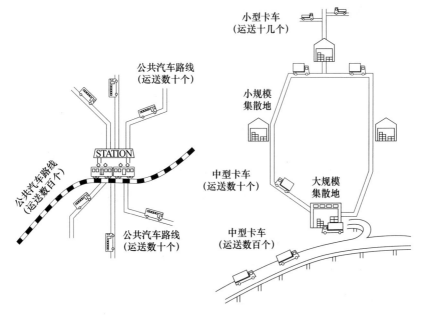

图 5　人的移动和物的移动示意图

4.8　采访：NAVITIME 株式会社——用路径搜索引擎技术服务世界

　　NAVITIME 是一款导航软件，月活用户量为 5100 万，每 2.5 名日本人中就有 1 人使用。如今，不仅换乘电车可以导航，步行、开车、共享单车等也可以导航。公司的董事副社长菊池新先生表示，今后将继续朝着所有移动手段的最佳导航方向进化，打造一个让全世界的人们都能安心移动的社会。

菊池新

NAVITIME 株式会社
董事、副总裁兼首席
技术官

用量子计算机打造适合每个人的路径

作者寺部与菊池先生是在汽车行业的会议上相遇的。NAVITIME Japan 是很早就致力于汽车行业变革的领军企业。虽然社会上还有很多人质疑 MaaS 是什么，但是菊池先生以明确的愿景和行动吸引了周围的人。在他的演讲中，提到了对量子计算机在 MaaS 领域创造巨大价值的期待。此外，他还在自己公司的办公室举办了大规模量子计算机学习会，在认真对待技术的同时努力创造新价值。

菊池先生首先从路线指引业界的动向说起。

MaaS 从服务集成的层面上可以分为 5 个阶段（见图 1）。我们在其中进行着各个层面的努力。

等级 0 是指针对不同的交通工具提供不同的服务。我们不仅提供换乘电车的应用，还提供使用智能手机的汽车导航和卡车导航的应用。交通方式不同，可以通过的地方也不同。比如卡车不能通过狭窄的道路。通过不断地收集能通过和不能通过的数据，对不同的交通工具的路线进行优化。

等级 1 是综合信息的服务。在日常生活中，为了到达目的地，大家可能会选择换乘几种交通方式。例如，可以选择步行、坐电车、步行，也可以选择步行、坐公交车、步行，还有从头到尾都是开车的方式。从提供服务的运营商的角度来看，是其他的服务，但从使用者的角度来看，希望从中选出最优的组合方式，可以导出几个路径进行比较。

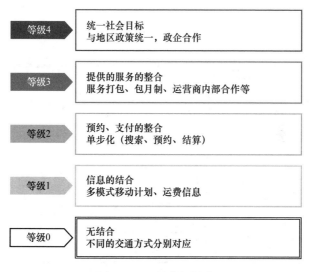

图1 Maas 的等级划分

等级2是预约和支付合二为一的服务。我认为如果能将等级1的检索结果作为一揽子服务来接受的话会非常方便。我们提供根据搜索结果预订机票和酒店的服务。

等级3是与包括公共交通在内的各种服务的整合。我们和包括山梨县在内的各个地方政府共同提供面向游客的应用程序，在路径搜索、信息提供等核心方面已经实现了服务的整合。我认为如果将收费体系整合到一起，就会更接近等级3的思考方式。

等级4是针对社会问题的服务整合。我们致力于缓解首都圈的铁路拥挤问题，缓解首都圈道路拥堵问题，以及跨运营商时刻表的最优化这三个课题。

首先，在缓解铁路拥挤的措施中，换乘检索结果中包含了拥挤预测信息（见图2）。拥挤预测信息不仅能提供部分线路哪个时间的电车在哪个区间拥挤，还能提供哪些车辆拥挤的信息。拥堵预测是根据铁路公司提供的信息，用自己的技术分析出来的结果。这样一来，在每个人都能移动的范围内，人们就会被引导到更空的电车和车辆上，从而能缓解拥挤的情况。

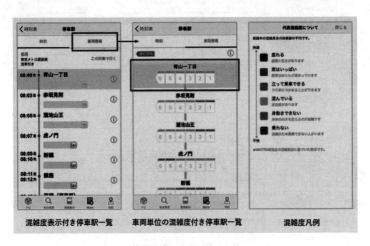

图 2　为缓解铁路拥挤提供车辆拥挤信息

其次，为了缓解道路拥堵，我们采取了给选择避开拥堵路线的乘客积分的措施（见图3）。我们希望通过这样的激励措施，让乘客在享受乐趣的同时缓解拥堵。实际上，有数据显示，积分用户堵车的时间减少了 10%，我们能够感受到这个措施有一定的效果。

第三，关于跨运营商的时刻表优化方案方面，我们利用从交通服务中获得的数据和知识，为地方政府提供咨询服务（见图4）。公共汽车和电车等事业者之间的协作不充分，经常会发生长时间的换乘，因此要对各自的时刻表进行整体优化。

最近成为热门话题的 MaaS 领域，菊池先生很早就着手准备了，不断为社会提供新的价值真的是值得赞叹。

图 3　为缓解道路拥堵的里程计划

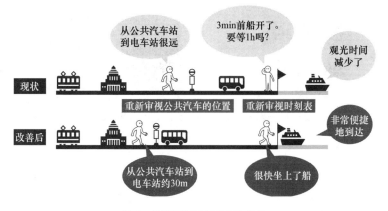

图 4　跨运营商时刻表的优化

那么，MaaS 按部就班向前推进的过程中，遇到了哪些问题呢？

无论哪个阶段，都有一个共同点，那就是将进入利用现有的大量数据为服务创造附加价值的时代。以我们公司为例，所有服务的每月独立用户数量达到 5100 万人。每年公共交通领域的搜索数据是 18 亿条，汽车领域是 1.8 亿条。汽车的探测数据一天累积 500 万千米。

以路线指南为例，可以从庞大的数据中提取可能使用的要素，得出对每个人来说最合适的交通指南（见图5）。"今天天气很好，这个用户很注重健康，电车的这一区间很拥挤，所以我建议他多走一站路，他会很高兴的。"您觉得这样的提示怎么样呢？另外，也可以考虑"因为用户是第一次来这里，所以应该介绍这边风景好的路线"。综上所述，鉴于各种各样的要素，我认为刚才从等级0到等级4中所展示的服务，将会变成更好的形式。

图5 利用数据提高服务附加值

而共享自行车的话，我们则需要整合自行车的空闲信息。租赁的自行车是否在想借的地方，想还的地方是否有地方停车等。同时，如果向多人推送同一辆自行车时，自行车被其他人先一步借走的情况也会成为一个问题。因此，我们不能总是引导员工使用最快捷的方法，而是要通过合理分配，使其达到整体的最佳效果。综上所述，共享要素今后会越来越多，供需匹配非常重要。

在前面提到的等级4中，量子计算机服务于社会层面的问题。现在的做法是针对拥挤的人群将乘客引导到空闲的地方，但将来如果能实现让所有想要出行的人分散出行方式和时间的整体最优化，或许会很有趣（见图6）。关于社会层面的服务，目前我们公司还处于起步阶段，所以我认为可能会出现量子计算机特有的新服务。

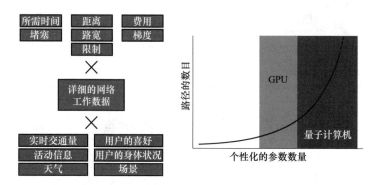

图 6　针对每个人的最优化问题的解决，需要融合各种数据，计算时间瞬间暴增

我们现在开始学习退火型的量子计算机。我认为首先需要看清技术方向，然后摸索如何将其应用到服务场景中。

4.9　采访：Synapse Innovation 株式会社——用 IT 的力量改变经营模式

Synapse Innovation 株式会社是一家利用 IT 将系统、服务、信息、企业等连接起来，从而改变客户业务的公司。Synapse Innovation 株式会社现在为以制造业为中心的各个行业的客户，导入负责会计、生产管理、客户管理等基础业务的系统，支援工厂内的物联网和智能工厂化，利用人工智能提出分析建议等，在现场持续提供贴心的解决方案。

Synapse Innovation
株式会社
董事长

Synapse Innovation
株式会社
董事、副总经理

市川裕则

Synapse Innovation
株式会社
人工智能与物联网
业务战略办公室

量子计算机的现场隐藏需求

IT 行业给人的印象是技术革新速度很快，但实际上，一家公司在业态变化的同时实现成长的案例并不多。在这种情况下，有一家公司通过不断的业态变化而成长起来。这就是 Synapse Innovation 株式会社。藤本繁夫先生成为公司董事长之后，逐步制定战略计划，把 Synapse Innovation 从委托其他 IT 企业开发系统的转包商，逐步发展成总承包的系统集成商，最后再到软件制造商，不断进行行业形态的变革。以"连接世界万物，为世界创造新事物"为口号，不断捕捉世界的趋势，不断挑战新的商业。

为什么变化会如此持续呢？藤本先生谈了他的想法。

【如果没有放弃过去的觉悟，就无法生存】

藤本繁夫先生：

在面向企业的基础系统领域，有一家名为 SAP 的企业，其总市值在德国排名第一。尽管这家企业业绩极佳，但有消息称为了投资新领域有可能裁员。即使状态极佳，也会打破现有的位置，采取新的措施。

斯宾塞·约翰逊的《奶酪去哪儿了？》这本书您知道吗？有一次，两只老鼠和两个小矮人发现了一个有很多奶酪的地方。他们满足于眼前的奶酪，不再去寻找其他的奶酪，而是继续吃。于是奶酪一点点减少，不知不觉就吃完了。

挨饿的他们接下来会采取怎样的行动，这是故事的高潮部分，但从这个故事中得到的教训之一是"应该趁情况良好时考虑应对变化的下一步棋"。很多企业被现有的成功牵着鼻子走，吃尽了奶酪。有些公司很愿意去做追随者，模仿其他公司的优点，也会被其他公司的成功案例牵着鼻子走，同样也能看到成长的未来。

企业的生存，唯有依赖于迅速捕捉新需求，灵活地进行改变。IT行业的变化非常迅速，这一点尤为明显。为了持续改变，我们认为倾听顾客的真实声音是很重要的。

为了公司的可持续发展，持续变化和创新是很重要的，必须从顾客的声音中发现世界变化的征兆。藤本先生通过在实践中磨炼这一理论，不断推动公司的变革。接下来，五十岚先生就倾听客户意见的问题进行举例说明。

【顾客的声音带来变化】

五十岚教司先生：

客户也是一样，需要不断应对市场环境的变化，而我们就是在IT方面为客户提供帮助的人。但是，客户真正面临的问题到底是什么，有时只听一次谈话是无法弄清楚的。

例如，有时我们在工作中，需要通过系统从多个选项中推导出最佳选项，也就是所谓的最优化需求。为了实现这一目标，第一步就是让客户了解相关的"隐性知识"。

所谓"隐性知识"，就是被称为直觉或诀窍的没有明文规定的知识。哪些是最优化的，哪些要素是最大值或最小值，哪些是可以改变的，改变时必须遵守的条件是什么，这些都是我们心中的秘密，所以一定要花时间去梳理。

另外，我们与以制造业为中心的所有行业的客户都进行过交流，不同的行业使用的语言也不同。例如，在生产管理系统中被称为"物料清单"或"BOM"的东西，在食品行业中被称为"菜谱"。

由于使用的语言不同，有时会出现沟通不畅的情况，乍一看是不同的课题，但经过多次交流，就会发现本质上是同一个课题。

因此，光靠说是很难把握问题的。我认为有效的方法是进行 PoC（Proof of Concept，概念验证），也就是在具体项目开展前，对客户的需求进行简单的基础验证，PoC 通过后，再向后推进。即使是非常简单，PoC 有时也可以起到十分关键的作用。

例如，我让肥皂工厂的客户用橡皮擦模拟肥皂，然后用厚纸制作搬运肥皂的传送带，在客户面前亲手操作（见图 1）。目的是让大家从模型中共享系统导入的印象。

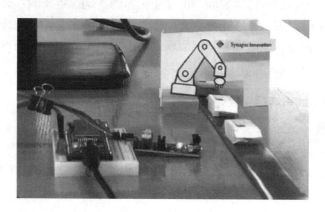

图 1　肥皂工厂的模型

像这样以具体的共同印象为基础进行讨论，就会发现彼此的认知有多么大的偏差，在这样共同理解的基础上进行讨论，会激发出客户最原始的想法，甚至会让客户更加明白自己想要什么。在建立系统的过程中，这样的活动乍一看似乎有些绕远路，但这是达成双方共识、把握本质问题的有效手段。

PoC 在系统的巩固阶段会多次以各种方式进行。以刚才提到的肥皂工厂为例，首先拿出模型，确认了方向性后，接下来就制作超简化版的应用程序。

PoC 可以在短时间内解决客户的问题。在这种快速把握问题的基础上，我认为量子计算机是可以派上用场的。

例如，在寻找最优化的需求时，可以考虑将导出最优解的数据进行一次计算，然后根据计算结果进行讨论和反馈。假设计算一定程度的数据需要一周时间，如果从客户那里得到 10 次反馈，得出最终结论就需要 10 周时间，毫无速度感。在这里，如果量子计算机能够以超高速解决最优化计算的话会怎么样呢？在客户面前一个接一个地展示结果，当场接受客户的反馈，然后马上实施，再进行计算，如此反复，即使有 10 次反馈，1 天就能结束讨论，实现要求。甚至可能做出下面的原型。

　　可以考虑使用量子计算机来听取客户的意见，并快速实现。

　　机会总是留给有准备的人。一直重视客户声音的五十岚先生，产生了"使用量子计算机去更好地倾听客户的声音"的想法。我很期待将来用量子计算机会出现怎样的世界。

　　Synapse Innovation 的客户的业态非常多，有化学工厂、食品制造商、餐饮店等多个行业的客户。市川先生拜访了很多客户，非常了解客户的需求，他列举了量子计算机所能描绘的梦想的具体事例。

【最优化是现场的一大课题】

市川裕则先生：

　　我在客户开发方面和很多人谈过，五十岚先生所说的优化课题其实有很多。在此介绍一个我觉得如果使用量子计算机的话会很有趣的案例。

　　最具代表性的是餐饮店的排班计划（见图 2）。餐饮店里有各种各样的人在工作。不仅有餐饮店的正式职员，还有只能在工作日晚上和休息日兼职打工的学生，还有早晚要接送孩子的宝妈，她们对工作的限制各不相同。此外，技能也因人而异。

　　有长期厨房经验的人，有长期待客经验的人，还有刚进公司进修的人。而且，还有一天的工作时间必须控制在几个小时等工作管理上的制约。

图 2　为制作排班表而苦恼的店长

　　在这些复杂制约的基础上，制定出不影响店铺营业的排班方案，是一项非常耗费精力的优化工作。条件越复杂，不仅是人类，就连传统的计算机也需要花费很长时间才能完成转换。

　　而且，排班并不是花时间做好一个月的量就可以了，因为每天都在发生变化。

　　今天，某某学生说"下周要补考"，希望变更时间；明天，某某员工又说"今天感冒了，不能去了"等。另外，预约饭店吃饭的人每天都不一样，有时候会突然预约量暴增。我们是否可以利用量子计算机来快速应对这些日常变化呢？

　　而且，即使店长拼命地调整轮班，也会不断有新的制约条件出现，比如"那天不行""那天可以调整"等。因此，最好能提出某种程度上满足需求的各种解决方案。退火型的量子计算机有可能通过采样的使用方法得出很多候补，如果能很好地嵌入排班软件的话会很有趣。

　　其实，在我思考这个排班问题时，也有机会和高中的老师聊过，他们的课程表也是类似的难题，据说很多的排课都是老师靠体力活辛辛苦苦地完成的。确实，每个老师教的科目都不一样，不能同时上两个班的课，所以有时会出现这样的情况：做了排课表之后发现不合理，改了之后发现其他地方不太好。

　　像这样，关于决定计划的问题，在很多行业中都经常有人来咨询。如果量子计算机在这个领域被广泛使用的话，就可以解决跨行业的很多课题，这很有趣。

4.10　采访：Jij 株式会社——使用量子技术，服务社会

　　2018 年，Jij 株式会社是以东京工业大学的研究生山城先生为中心，成立了利用退火方式的量子计算机开发平台和应用的学生创业公司。自成立以来，Jij 株式会社推出了开源软件 OpenJij，举办了各种量子计算相关的会议，与各种企业进行了多次实验验证，为量子计算机社区注入了新的活力，为量子技术的发展持续贡献力量。

Jij 株式会社董事长

人类一旦掌握了量子技术，就会向前迈进一大步

　　山城先生最开始想要将量子计算机技术与社会相结合的想法，与作者大关有很大关系。在东京工业大学，量子退火技术的发明者之一的西森秀稔教授的指导下，山城先生一边致力于最尖端的研究，一边试着走出研究室。当时大关亲自参与了名字叫作 JST-START 的以商业化为目标的研究项目。其中，有一个与企业合作的项目，让他深深体会到将技术融入社会的重要性和乐趣。

　　山城先生一开始，就热情地讲述了他想用量子技术打开的梦幻世

界的故事。

你知道第一次工业革命是怎么发生的吗？实际上，热力学是第一次工业革命的物理技术的基础。热力学产生了蒸汽机，由此社会发生了巨大的变革。随着第一次工业革命的爆发，产生的副产品就是量子力学（见图1）。在工业革命中，钢铁业得到了发展。在这个过程中，有人产生了一个想法："如果能从光的颜色来解释铁熔化的温度，是不是就能提高效率呢？"为了解释这个问题，量子力学就开始萌芽了。总结下来，革新性技术改变社会，被变革的社会催生新的革新性技术。

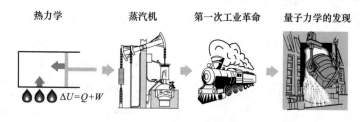

图1 诞生于第一次工业革命的量子力学

我认为，人类一旦掌握了以量子计算机为代表的量子力学技术，必将引发新的社会变革。而且在那之前还会产生新的革新技术，我认为人类会更进一步。例如弦理论和 M 理论等，还有很多我们不太了解的领域，如果人类能用量子计算机来处理量子技术的话，我认为可以更进一步地接近宇宙的真理。

弦理论是理论物理的一个分支学科，弦理论的一个基本观点是，自然界的基本单元不是电子、光子、中微子和夸克之类的点状粒子，而是很小的线状的"弦"（包括有端点的"开弦"和圈状的"闭弦"或闭合弦）。弦的不同振动和运动就产生出各种不同的基本粒子，能量与物质是可以转化的，故弦理论并非证明物质不存在。弦理论中的弦尺度非常小，操控它们性质的基本原理预言，存在着几种尺度较大的薄膜状物体，后者被简称为"膜"。直观地说，我们所处的宇宙空间可能是 9+1 维时空中的 D3 膜。弦理论是现在最有希望将自然界的基本粒子和四种相互作用力统一起来的理论。

作为"物理的终极理论"而提议的理论，M 理论希望能借由单一理论来解释所有物质与能源的本质与交互关系。其结合了五种超弦理论和 11 维空间的超引力理论。为了充分了解它，爱德华·威滕博士认为需要发明新的数学工具。1984—1985 年，弦理论发生第一次革命，其核心是发现"反常自由"的统一理论；1994—1995 年，弦理论又发生了第二次革命，弦理论演变成 M 理论。由于弦革命的巨大影响力，其主要研究者爱德华·威滕被美国《生活》周刊评为第二次世界大战后排名第六的"最有影响的人物"。M 理论最核心的内容是多维空间。M 理论认为理论物理最终被几何与数论合并，纳入数学体系。

山城先生所看到的，不仅仅是一个可以通过新型计算机解决眼前问题的世界，对于可能发生的宏大未来，山城先生将如何前进呢？

如果一上来就说宇宙真理，未免太过天马行空，所以我们首先要致力于将量子计算机，特别是接近商业化的量子退火机与社会连接起来。现在，从企业那里收到了很多课题。通过对课题的分析，我明白了一个道理，世界上有太多的选项，人们为了做出选择而费尽周折才找到了答案。如果量子退火机能够尽快从这些选项中找到最合适的选项，人类就可以从选择的痛苦中解放出来，把精力投入到更有趣的事情上。我想如果社会能变成那样就好了。

量子退火机将我们从非生产性选择的痛苦中解放出来。实现的课题是什么呢？

目前还没有具体的例子说明量子退火机是怎样应用的。Jij 开源平台通过提供开源软件，让对量子退火机不熟悉的人也能通过简单的方式进行了解，并能够进行评价，举办商业会议等建立起社群。我想把在这样的努力中产生的应用的想法用量子退火机器实现的同时，和所有志同道合之士一起创造出真正的价值。

山城先生是一位重视技术在社会上的价值的研究者，也是一位以开放的态度投入研究的研究者。通过采访，我们感受到了他的这一魅力。

　　最后，他还讲述了自己所从事的事业的一些乐趣。

　　我本来就想制造时光机，我想看看未来的样子。但是在各种各样的学习过程中，明白了制造时光机是不可能的事情。我想，既然不能去看未来，那就自己去创造未来吧。在这种情况下开始了量子退火的研究，量子退火在统计力学这一学科中扮演着重要的角色。统计力学（又叫统计物理学）是研究大量粒子（原子、分子）集合的宏观运动规律的科学。统计力学运用的是经典力学原理。由于粒子的量大，存在大量的自由度，虽然和经典力学应用同样的力学规律，但性质上却有不同。统计力学不服从纯粹力学的描述，而服从统计规律性，用量子力学的方法进行计算，得出和用经典力学方法计算相似的结果。从这个角度来看，统计力学的正确名称应为统计物理学。统计力学虽然是学术性的，但实际上和社会的联系很强。用量子退火技术挑战社会问题，对社会来说是很有趣的，也是学术上很有进展的最有趣的研究领域。

第 5 章

量子计算机和社会的融合 从现在开始做起

——产研结合与精益创业和联合创业一起，共同改变世界

通过本书，我们可以了解到全世界的人对量子计算机的热情。

您感受到了吗？在量子计算机的应用研究领域，每年都有很多业界人士加入，并不断壮大。

我很期待量子计算机今后会给世界带来怎样的变化。

在世界范围内展开竞争的过程中，只有采取独特的行动，才能在真正意义上为多样化、可持续发展的世界做出贡献。量子计算机支撑技术成长的时代已经近在眼前。为此，我们现在能做什么呢？

在第 1 章中，作者寺部阐述了人们对量子计算机的热情源于对解决迄今为止难以解决的诸多社会问题的强烈期待。第 3 章和第 4 章中提到的各行各业眼中的量子计算机将改变的世界，从更大的视角来看，其中很多都与联合国可持续发展目标（Sustainable Development Goals, SDG）中提到的社会问题相关联，具有非常深远的意义。

那么，我们应该如何与具有社会影响潜力的量子计算机打交道呢？在接下来的 5.1 节中，我将对被新技术改变的世界进行分类说明。在 5.2 节中，将以硅谷的策略为基础，阐述如何改变世界的方法论。在 5.3 节和 5.4 节，将介绍日本开始采取的改变世界的措施。

读完这一章，就会明白：近年来，为什么从事量子计算机的企业不断涌现？为什么这些企业开始进行实证实验，并向世界发布信息。

5.1　新技术催生的世界

相对于目前为止使用传统计算机带来了"连续进化的世界"而言，量子计算机在不久的将来会带来"不连续的进化的世界"，也就是戏剧性的进化。从市场的性质来看，可以将市场分为两种，即红海市场和蓝海市场。红海市场代表现今存在的所有产业，代表已知的市场空间；蓝海市场则代表当今还不存在的产业，即未知的市场空间。

红海市场指的是现在已经存在的市场。将量子计算机应用于红海市场（见图 5.1），以电池市场为例，通过以往的技术改良，电池的续航时间每年都能提高几个百分点。而现在将量子计算机应用于电池市场，电池的续航时间每年都会改善数十个百分点。因为是面向同一个市场，以提高性能为目标，红海市场的目标是连续性。

所谓蓝海市场，就是创造出与以往不同的市场。例如，Uber 公司将服务引入以商品销售为中心的汽车领域，创造了一个蓝海市场，蓝海市场是新的且不连续的市场。

这里的技术可以是不连续的，也可以是连续的。但是，如果技术不连续的话，就有可能产生更大的革新。也就是说，有可能像量子计算机一样，创造出只有量子计算机才能实现的新世界。作为新技术创造市场的例子，蓝色发光二极管的发明使便携显示器成为可能，从而创造了拥有美观显示器的手机市场。

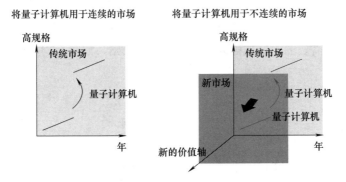

图 5.1 因量子计算机而变化的市场

红海市场和蓝海市场（连续市场和不连续市场）都有很大的价值。包括汽车行业在内，所有行业现在的市场都是前者的延续。但是，要想在连续不断的市场中利用新技术提高性能（见表 5.1），需要注意以下两点：

1）性能的提高只有在市场持续发展的前提下才有价值。

2）性能提高的程度与用户喜悦度提高的程度不一定一致。

表 5.1 技术和市场

		技　　术	
		连　　续	不　连　续
市场	连续	改良现有的市场	改良现有的市场（持续性变革）
	不连续	创造新的市场	创造新的市场（破坏性变革）

首先，市场连续的前提一旦崩溃（这被称为模式转换），价值就会瞬间大幅减少。其次，对于第 1 章中提到的翻盖手机的例子，当我

们生产出具有 100 倍革新性的翻盖手机时，如果市场上全是智能手机的话，翻盖手机还能卖得出去吗？

其次，性能提高 10 倍并不意味着用户会开心 10 倍。例如，喉咙干渴的时候点的第一杯啤酒价值很高，但喝了 10 杯之后的第 11 杯啤酒价值就没有第一杯那么高了。也就是说，即使量子计算机的性能提高了 1 亿倍，但愉悦感未必会提高 1 亿倍，因为后面的提升，可能是市场所不需要的。这被称为边际效用递减法则，如图 5.2 所示。

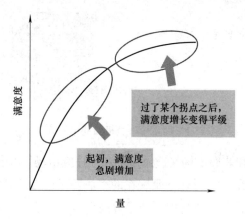

图 5.2　边际效用递减示意图

连续市场和不连续市场都有使用量子计算机的价值。但是，如果不能看清技术和市场的价值，那么好不容易获得的技术也有可能被浪费掉。这是非常可惜的事情。

针对这两个市场的策略完全不同。连续市场的做法是需求明确，因此，可以根据需求进行技术匹配，这是非常容易理解的。那么，面对不连续的市场，我们应该如何应对呢？这将在下一节进行叙述。

5.2　硅谷式创造价值的方法

关于不连续市场的冲击，以 Uber 公司为例进行说明。那么，我们应该如何创造不连续市场的业务呢？如图 5.3 所示，Uber 将酒店行业中比较普及的"匹配"概念引入汽车行业。经济学家约瑟夫·熊彼特将创新定义为不同领域的价值观的组合。从汽车行业的角度来看，Uber 公司的例子正是不同领域的融合的例子，也是一个很好地体现了创新的例子。

图 5.3　Uber 公司的打车服务

市场创造的概念如图 5.4 所示。圆圈的大小代表市场的大小。如今，汽车行业通过连续的进化，圆圈在一点点变大。但是，不同行业的组合所引发的不连续市场可能比汽车行业的连续市场进化要大得多。事实上，正如 3.1 节所述，Uber 公司创立仅 5 年半，就超过了一家成立超过 100 年的大型汽车制造商的市值。也就是说，与其他领域巧妙组合，能够创造出巨大新市场——这就是硅谷式创新的方法论的精髓。

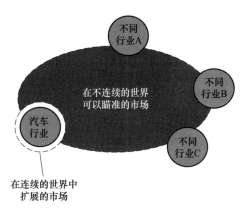

图 5.4　不连续市场的可能性

那么，不同行业的组合应该以什么为目标呢？为了找到目标，我们首先应该考虑的是目标顾客的需求。但是，这种方法成功的可能性非常低。因为在不连续的市场中，顾客不知道自己将来想要什么。这种"自己将来想要的东西"被称为潜在需求。

伦敦大学有一幅著名的讽刺画（见图 5.5）。其展示了一架秋千从订货到交货的过程。有一天，顾客订购了三层的秋千，接订单的工程师很为难。把秋千弄成三层可以干什么呢？于是工程师努力了解顾客的心声，提出各种提案，与顾客进行讨论。一边说一边听，最终以制作轮胎秋千的方式满足了顾客。

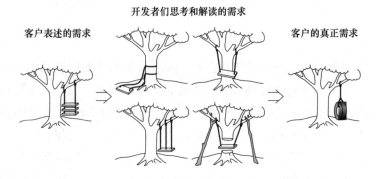

图 5.5　20 世纪 70 年代 IT 业界最流行的一幅讽刺画

从这幅讽刺画中可以看出，顾客无法明确说出自己想要的东西，但如果有人提出建议，顾客就可以不断提出自己的意见。再举翻盖手机和智能手机的例子，在只有翻盖手机的时代，顾客想要什么样的手机呢？有人可以断定取代翻盖手机的一定是智能手机吗？我想恐怕几乎没有这样的人。但是，智能手机的试制品放到顾客的手中试用时，对方就会提出意见说，要是再多配备一些这样的功能就好了等。

因此，有必要在不断向顾客提出建议的同时，与顾客一起创造新的需求，以及与新需求相匹配的服务和产品。这种方法被称为精益创业，实际上是硅谷主流的业务创造方法。精益创业由硅谷创业家 Eric

Ries 于 2012 年 8 月在其著作《精益创业》一书中首度提出。但其核心思想受到了另一位硅谷创业专家 Steve Garry Blank 的《四步创业法》中"客户开发"方式的很大影响，后者也为精益创业提供了很多精彩指点和案例。

精益创业模式是相对于连续市场上的需求匹配模式的一个概念。

在需求匹配模式下，无论如何都要以满足需求为目标进行研究开发。因为需求很明确，所以在开始的时候就很容易决定能看到多少市场，应该用什么样的计划来推进。

在精益创业模式下，精益创业公司面向不连续的市场，也就是说，面向一个顾客无法明确表达需求的市场，需要采用新的策略。制作后向顾客提案，得到反馈后再制作，再提案……如此反复，直到将不明确的需求进化为明确的需求，如图 5.6 所示。精益创业公司的关键因素（判断结果的指标）是市场扩大的可能性。因此，不仅要进行研究开发，还要同时创造市场价值。

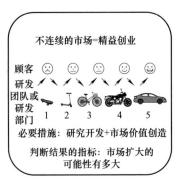

图 5.6 精益创业模式

暂时回到量子计算机的话题，在作者寺部开始灵活运用量子计算机进行研究的 4 年前，世界上几乎没有人进行同样的研究。

当时，如果你去问他公司内外部的人这句话："如果有这样的技术，你想用它做什么"，他们一定会回答说"不知道"。然后接下来，会一步一步地把可能的应用做出来，然后一步步得到用户的反馈，然后不断地进化。精益创业公司就是通过这样一步步的进化，确定公司发展方向的。

2018 年 1 月，在拉斯维加斯举行的世界最大的消费电子展（CES）上，作者寺部从日本电装公司发出了图 5.7 所示的概念。当时我们制定的概念是"Optimize the moment"，意思是通过最优化每一个瞬间，创造出新的价值。

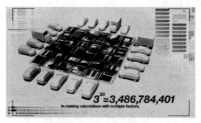

a) 基于量子计算机的物流IoT的未来

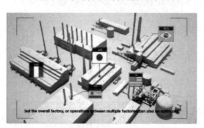

b) 基于量子计算机的工厂IoT的未来

图 5.7　量子计算机在汽车相关行业应用可能性的概念展示（CES 2018 展出）

量子计算机能够为移动服务和工厂物联网世界提供的最令人高兴的价值是，通过超高速计算，解决最优化问题。在此之前，我们认为这是一种需要花费好几天时间而不得不放弃的实时优化。

这个信息正是精益创业公司向顾客提出的建议。结果，世界上很多媒体都对此进行了报道，看到这些报道的人们也给出了很多反馈，其中不乏新的创意。

最近几年，随着量子计算机应用实例逐渐出现，人们对量子计算机相关的应用程序的想象也变得更加容易了。但是，从量子计算机应用的可能性来看，目前在世界上所能想象到的也只是其中的一小部分而已。

正因为如此，本章所展示的精益创业的思维方式才显得尤为必要。本书其实也有可能成为这种可能性探索的一部分。听说过量子计算机这个名字，但不知道它可以用在什么地方的读者，通过阅读这本书，一定会产生新的想法。这些新的想法的出现，对于现在量子计算机的发展来说是非常重要的。

那么，在本节的最后，让我们来看看上文介绍的精益创业公司的要点：

1）以变化为前提努力。

2）从失败中学习。

3）由多种成员组成团队。

接下来针对各个点，按顺序解说理由。

1）以变化为前提努力。

如果不清楚自己能得到的市场是什么、市场有多大，就很难事先制定好计划并推进。也就是说，在工作推进方法中经常使用的 PDCA 推进方法在这里不是很适用。所谓 PDCA，即计划（Plan）、实施（Do）、检查（Check）、处理（Act）的首字母组合。无论哪一项工作都离不开 PDCA 的循环，每一项工作都需要经过计划、执行计划、检查计划、对计划进行调整并不断改善四个阶段。如果强行按照当初的想法来制定计划，就会因为想法的干扰而无法敏捷地修正方向。与此相对，包以德循环在这里就会比较适合。包以德循环也称 OODA 循环，它一开始是一个军事理论。基本观点是武装冲突可以看作敌对双方互相较量谁能更快更好地完成"观察—调整—决策—行动"的循环程序。OODA 循环是由观察（Observation）、判断（Orientation）、决策（Decision）、执行（Action）四个单词的首字母组合而得名。精益创业公司必须一边仔细观察世界，一边改变行动，选择符合变化的大时代的新的工作推进方法。

2）从失败中学习。

即使将技术制作成熟后推向市场，客户如果说这不是我想要的，那这项技术也会变得无用。精益创业公司的本质是，在产品完成前就征求顾客的意见，从很多失败中学习。

苹果公司的史蒂夫·乔布斯给人的印象是发明之王，但他也是失败多于成功的失败之王。尽管我们从现在的视角来看他，可能会更加注意他成功的一面，实际上，从大量的失败中获得的经验才是他成功的主要原因。可以说，从失败中学习，是精益创业的精髓所在。

在CyberAgent（CyberAgent是日本最大的网络广告代理商）等一部分先进企业中，有一种容许挑战失败的企业文化。一个公司一旦形成了评价失败的风气，员工就会把不失败放在第一位，这样的公司很难在创新方面取得成功。

3）由多种成员组成团队。

一边向外发送信息，一边倾听客户的声音，共创市场，仅靠技术人员是不容易做到的。设计师、发起人、销售等跨部门的非技术人员也需要团结一心。团队中需要有不同特长的成员深入彼此的领域，产生协同效应。史蒂夫·乔布斯曾经说过："站在理科和文科交叉点上的人才有价值"，这句话表达的正是这种努力的态度。在硅谷的创业公司中，流行着一种新的设计流程，叫作Design Sprint。Design Sprint是目前在湾区比较流行的一种设计方法。它是由谷歌公司内部梳理的一套如何带领团队快速做创新设计并验证设计的基本流程。在Design Sprint的流程里面，团队里一定会有设计师等非技术人员。

这些都表明，要想开拓不连续的市场，从工作方法到组织都需要变革。而与量子计算机这一新技术结合起来，则是更大的挑战。

如果我们按照以上的视角，重新审视本书前面介绍的几个事例的话，就能明白各公司会在看不清市场方向的起步阶段采取的措施——

不断向社会发出信息，并收集社会反馈。我认为，今后量子计算机将会通过与很多人的互动而产生新的发展。对于这个刚刚开始的世界，我希望读者们一定要试着用自己的方式去接触。

5.3　产学主导共创的开始

5.3.1　量子退火机的未来

在这里，我们接着从作者大关的视角来聊聊量子计算机的未来，首先我们来聊聊量子退火。

我们先回顾一下量子退火机的现状。从销售量子退火机的 D-Wave Systems 公司，到实际购买、租赁并安装机器的组织、企业，再到占用大量时间推进云应用的组织、企业，我们将其罗列在一起。第一个客户是洛克希德·马丁空间系统公司（Lockheed Martin Space Systems Company，LMT）。接着是谷歌和美国航空航天局（NASA）共同使用的机器，美国位于新墨西哥州的洛斯阿拉莫斯（Los Alamos）国家实验室，最近一个是美国橡树岭国家实验室（Oak Ridge National Laboratory），还有一些网络安全相关的公司也引进了。仔细观察这些公司名称，就会发现一个共同点，即与国家安全保障、宇宙开发、军事产业相关的组织、企业都在导入。这些研究可能并没有非常明确的目标，但是，这些组织机构毕竟是进行尖端技术研究的机构，所以要率先调查量子退火机的情况，并对其可能性进行研究。

与此相对，日本引进量子退火机的案例又如何呢？遗憾的是，截至 2019 年 4 月，日本的企业或者其他机构，还没有安装实际设备的案例，但是日本在云端的使用则非常盛行。其中，取得显著研究成果和业绩的有 Recruit Communications 公司和日本电装公司。京瓷公司、Mercari 公司、野村资产管理公司、ABEJA 公司（日本人工智能公司）、爱信公司等各行各业的企业都开始探讨其利用可能性。在大学和研究机构中，以日本东北大学为首，早稻田大学等也有了相关的研究。

在这样的背景下，日本也开始积极探索新的组织和企业团结起来促进量子退火机的规模化使用（见图5.8）。其中一个动向是，大家都在购买和使用量子退火机。关于这一点，我将在后文详述。

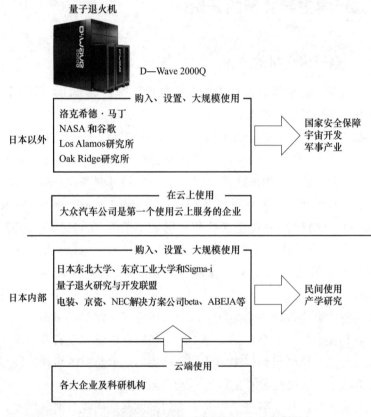

图 5.8　量子退火机的引进组织、企业和利用

另外，还有几个案例值得关注：比如，内阁府 ImPACT 主导的以 NTT 公司为中心开发的在数字电路上模仿实现的退火机（名为"Coherent Ising Machine"），其设计目的是快速解决组合最优化问题；富士通公司的 Digital Annealer（从量子计算技术获得灵感实现的

计算机架构），可以从实用层面快速解决"组合最优化问题"；日立的
"CMOS 退火"技术，其工作原理与加拿大 D-Wave Systems 公司推出
的商用量子计算机相似。不过，D-Wave Systems 公司的系统使用只能
在极低温下工作，而且超导元件非常容易受噪声干扰，而日立公司的
系统可以利用能在室温下工作的成熟的半导体技术，因此容易实现系
统的大规模化。日本经济产业省推进的 NEDO 机构（The New Energy
and Industrial Technology Development Organization，日本新能源产业的
技术综合开发机构）正在开展项目，项目目标是开发利用量子退火技
术的中间件。在创业公司方面，也出现了如第 4 章所介绍的利用量子
退火技术的软件和应用型的公司如 Jij 公司、MDR 公司、日本量子软
件公司 QunaSys 等。其中，日本量子初创企业中占据领导地位的是 Jij
公司，其是在日本科学技术厅（JST）START 项目支持下成立的以量
子退火为核心的退火设备软件开发公司。Jij 公司正在开发名为 OpenJij
的 Ising 模型（QUBO）的 OSS 软件。

　　我想大家会注意到，日本的情况与其他国家和地区的动向，特别
是北美的动向有很大的不同。当然，这可能与历史文化背景有很大关
系，但在日本，我能感觉到量子退火正在积极地向"实际应用型"的
方向发展。

　　难道只是因为与其他国家和地区的研究动向不同，所以日本一如
既往地进入了加拉帕戈斯综合症（某种产业在孤立的市场环境下对本
土环境进行适应化改变而丧失其对外输出能力的现象）的怪圈吗？我
觉得倒是没想象中那么极端。除了日本，在欧洲一些国家中也有特别
注重量子计算产业应用的企业。在这些企业中，最引人注目的是德国
的大众汽车。大众汽车针对北京拥堵的问题曾经做过一个实证实验。
我们知道，针对数量众多的出租车，通过正确地选择各自的路径，可
以防止所有出租车同一时间集中在一条路上最终导致拥堵的问题。大
众汽车这个实证实验令人震惊的结果显示，在北京的地图上，通过量
子退火机的应用，出租车的移动密集程度得以分散（见图 5.9）。

图 5.9 大众汽车公司图

这个实证实验的内容是比较简单的。首先让每辆出租车事先准备好三条路径。这个用传统的计算机就可以列举出来。比如准备最短路径、以此为基准的路径、绕远路这三条。用 0 和 1 的量子比特来表示是否选择哪条路径。因此，我们需要设计一个不让其他出租车和路径被覆盖的游戏规则。根据这个规则，让量子退火机选择每辆出租车的路径。我想大家可能会注意到内容出乎意料得简单。大众公司的巧妙之处在于用"现有的计算机"事先准备好每一辆出租车的路线。也就是说，量子退火机不需要考虑详细的路径和距离，而是利用传统的计算机提前准备好。这样一来，量子退火机就可以不必承担所有的计算。因此，如果将其与传统的计算机相结合，或许就能将量子计算机的特性应用于现实规模的问题中。这个实证实验确实给了人们这样的希望。

> 量子退火机发挥作用的关键在于——如何巧妙地设定问题，以及如何利用现有的计算机。

5.3.2 用量子退火解决海啸避难路线的时代

以大众公司的例子为典型案例，日本东北大学的研究人员从不同的角度，探讨了现有计算机和量子退火机的组合。

2017 年，日本东北大学量子退火研究开发中心（Tohoku University Quantum Annealing Research & Development，T-QARD）成立，此后一直致力于利用量子退火开发应用。

最初提出的系统是针对海啸等自然灾害的避难路线提案系统。日本东北大学是位于东北地区的大学，以 2011 年东日本大地震的教训为基础，正在推进建设安全、安心的城市，构建系统的研究活动。在这一过程中，研究导入利用量子退火的系统或许是顺理成章的事情。

在 2011 年的地震中，海啸带来的破坏也相当严重。当时，人员从海啸中逃跑的时候，由于避难路线上发生了堵塞而导致逃跑延迟。为了避免这种情况的发生，除了整理交通网之外，我们认为，如果有一个避难路线的建议系统，告诉人们在避难时应该去哪里，或许就能避免一些损失。

在海啸等灾害发生时应该尽可能避免交通堵塞，为此，我们将问题设定为通过量子退火机提出避难路线。这与之前介绍的大众公司的案例非常相似。同样，利用现有的计算机计算出几条候选的避难路线，让它们之间尽量避免重叠，从而避开可能造成交通堵塞的道路，从而进一步优化出租车的路线选择，出发点和目的地确定为城市中心和机场周边。但是，避难路线是指从各自想要避难的人所在的地方向避难处移动，出发地和目的地是多对多的，从这一意义上来说，需要进一步综合考虑。

开发的系统引起了大众公司等多家海外企业的兴趣。但是我们也在进一步进行研究开发，试图有所突破。量子退火机最大的弱点是每次能够处理的数据规模太小。大众公司克服了这一问题，它并没有处理整个大范围的路线，而是将其分割开来。最后，我们开发了一种新的方法，一举解决了大规模的问题，制作了一种在灾害发生时能够立即提出避难路线的系统。让我们来看看开发过程（见图 5.10）。

利用高知市地图的一部分，设想从靠海的东边逃到西边。颜色深的地方是很多避难路线被遮盖，引起堵塞的可能性高的地方。图中的路线是系统提出的，通过调整避难路线尽量不被覆盖，来预防拥堵的发生。

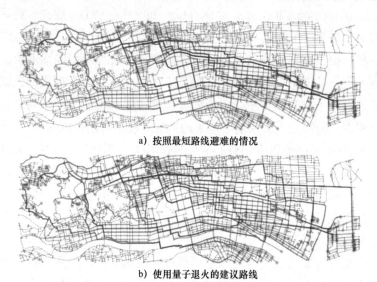

a）按照最短路线避难的情况

b）使用量子退火的建议路线

图 5.10　海啸逃生路线建议系统

最近，我们也对这个系统的进一步研究增加了很多跨学科课题，比如道路工学、灾害科学等，研究开发组跨越更广泛的研究领域，使得看问题的角度越来越多。研究开发团队所有人一起致力于改善更加坚固和安心的系统。

这些措施还有助于优化第 2 章中介绍的工厂内无人搬运车的移动路径。从希望无人搬运车在工厂中不引起堵塞这一点来看，这是非常相似的问题设定。原本仅仅使用量子退火机，只能在无人搬运车辆数量和需要考虑的候选路径数量较少的情况下使用。但是，目前在设计海啸避难系统的研究中所积累的经验和技术，有时会在其他相关的问题上被有效利用。

像这样建立一个能够逃避灾害的系统，是纯粹想要救人的热情；让无人搬运车顺利地搬运物品，提高工厂的运转率，更有助于产业界的发展。这些都是作为研究人员非常幸福的事情。

> 海啸避难系统和无人搬运车的系统也能做得一样吗？一切皆有可能。

5.3.3　开始的产业利用动向

除了日本东北大学自身的努力之外，世界上其他地方关于量子退火机的应用也在不断涌现。加拿大的 OTI Lumionics 公司是一家拥有"有机 LED 技术"的企业，他们展示了量子退火机用于物质模拟的应用案例。最近，宝马公司、Airbus 公司以及英国电信（British Telecom）公司等来自各个行业的公司相继加入了竞争。

寻找量子计算机发展动向的绝好机会就是参加 QUBITS，这个国际会议将这些企业聚集在一起，讨论量子退火机的使用方法。每年举办两次左右，我们也会去收集信息和报告研究成果。与其说是竞争对手，不如说是拥有同样技术和梦想的伙伴。每次都以非常激动的心情参加。日本企业的存在感，与其他国家相比毫不逊色。我们将从 2018 年 3 月开始发表的主要成果整理成表格，见表 5.2。

表 5.2　QUBITS Europe 2018 的主要课题

D-Wave Systems	下一代机种 Pegasus 的设计
Recruit Communications	推荐系统中的特征选择
大众汽车	使用 D-Wave 机器的量子化学计算
Los Alamos 美国国家实验室	偏微分方程的逆问题
T-QARD（日本东北大学）	关于海啸逃生路线和三维重建

值得一提的是，在 2018 年 3 月召开的 QUBITS Europe 上，D-Wave Systems 公司发表了关于下一代机种 Pegasus 的开发和配置。接下来，日本的 Recruit Communications 公司介绍了选择组合的方法，通过在推荐系统中加入特征筛选机制，有选择性地基于具体哪些点进行了推荐，

提高了顾客满意度。大众汽车公司在此前的会议上发表了关于优化交通流量的内容。接着在这次会议上，主要针对以门模型为目标的量子模拟，提出了在量子退火机上进行的方法。令人眼前一亮的是，Los Alamos 美国国家实验室的报告——关于基于偏微分方程式的现象，其提出了利用量子退火机推测偏微分方程式中的参数的方法。最后，还有我们前面提到的海啸等灾害时的避难路线探索系统的提案。

2018 年 9 月，在 QUBITS North America 会议上，D-Wave Systems 公司发表了关于开启量子退火新可能性功能的实验结果（见表 5.3）。门模型量子计算机经常被誉为万能的量子计算机——认为门模型量子计算机能够应对任何的计算。另一方面，退火方式目前能够进行的计算种类有限。D-Wave Systems 公司为了进一步增强量子计算机，做了很多工作对其进行改良。可以理解为量子退火的加强版。这个加强版，可以理解为下一代具有飞跃性的计算能力的量子计算机的中间产品。退火方式将来也有可能具备与门模型量子计算机相媲美的计算能力。我个人认为，在这样的背景下，无论是哪一种量子计算机，都是有利于未来的东西，所以要珍惜。加油，量子退火。

表 5.3　QUBITS North America 2018 中主要发布的内容

D-Wave Systems	丰富了量子计算机的种类
NASA	在无人机在内的航空管制、故障诊断、网络加固、机器学习等领域运用了量子计算
British Telecom	电磁波干涉控制中运用了量子计算
Recruit Communications	jalan.net（日本的订酒店网站）搜索结果最优化
电装公司	无人搬运车的优化、嵌入式 + 分割应用

此外，NASA 还报告了在航空管制控制、故障诊断和提高网络的鲁棒性等大规模系统构筑中不可缺少的要素分别探讨量子退火的适用性。British Telecom 公司发表了抑制电波干扰的新应用方案。日本方面通过优化 Recruit Communications 公司推荐的酒店显示顺序，提高了

预订成功率。日本电装公司还对如何利用量子退火机解决无人搬运车的控制问题进行了汇报。

在 2018 年 10 月召开的会议的闭幕式上，在量子退火机的研究成果中，有三项技术最接近实用化。分别是，大众汽车公司优化交通量，Recruit Communications 公司在"zalan"网站上设计推荐列表，日本电装公司控制无人搬运车辆。

在 2019 年 QUBITS Europe 会议上，NASA 报告了量子退火的新操作方法的性能评估结果（见表 5.4）。D-Wave Systems 公司发表了对量子模拟有效的新功能 h-gain。该功能是他们发表的量子模拟论文中使用的功能，通过向用户公开，可以看出他们期待各种应用实例的出现。

表 5.4 QUBITS Europe 2019 年度主要报告

NASA	改进退火点和反向退火的解搜索
D-Wave Systems	新功能 h-gain
德国航空航天中心	飞机舱门选择优化
日本电装	多模式共享优化
Recruit Communications	电视广告显示优化
大众汽车	关于大规模问题中最经典的问题——混合算法（Hybrid 算法）
OTI Lumionics	基于 D-Wave 的量子化学
Jij	OpenJij
T-QARD（东北大学）	大规模问题的新解法的介绍

德国航空航天中心（DLR）实现了在机场候机室向旅客随时展示飞机起降地点，以及航班的建议登机口选择的最优化案例。日本电装公司报告了新的移动服务。Recruit Communications 公司报告了电视广告显示的最优化问题。OTI Lumionics 公司报告了与之前报告相比，涉及压倒性的规模，发表了正在实施的量子模拟，探寻物质情况的研究。Jij 公司介绍了开源项目 OpenJij。

最后，我们介绍了如何克服量子退火机最大的弱点，即能够处理的问题规模有限。迄今为止，我们通过各种应用案例，以及响应企业的需求，解决了量子退火机存在的诸多问题。能够克服各种各样的研究机构和企业遇到的问题，这也就是大幅扩大量子退火机的活用范围的一步。

5.3.4　门模型量子计算机的发展

量子退火方式以组合最优化问题为对象，具有简单易懂的应用案例，因此与门模型相比，加入量子退火方式的玩家挑战的课题更具体，也更受欢迎。当然，量子计算机"门模型"的动向也不容忽视。

接下来我们介绍截至 2019 年 4 月的动向。首先是关于制造量子计算机本身的动向。日本政府推出了光量子飞跃旗舰计划（Q-LEAP），以理化学研究所和涌现物性科学研究中心的中村泰信为团队领导，志在推进超导量子计算机的研究开发。作为 5 年后的里程碑，我们的目标是制造出 50 个量子比特的芯片。只是将量子比特排列起来是没有意义的，必须实现单个量子比特和两个量子比特的操作保真度。而且，关于操作的保真度，我们制定了以下开发目标：单个量子比特的操作错误率不超过 0.1%；两个量子比特的操作错误率不超过 1%；计算结果的读取错误率也不超过 1%。为了得到正确的计算结果，必须设法控制量子比特的错误率。

业界专家们在研究量子计算机的计算以及计算结果读取等相关领域过程中，心路历程也是起起伏伏的。在 21 世纪初期，业界制造量子计算机的热情十分高涨。原因是当时以 Shor 算法为首的算法理论有了突破性的进展，学者们开始关注到量子计算机实现的可能性，并且提出了很多纠正量子比特不确定性的理论和方法。如果这些都得以实现，梦想中的量子计算机就会走向现实。21 世纪初期，日本也想制造同样的量子计算机，日本政府大力支持量子计算机相关项目。但是，量子比特的精确操作的困难和不断发生的错误让人痛苦，制造出能够顺利工作的量子比特是很困难的，以致开始出现了某种放弃的声音。

在这种情况下，谷歌公司从事研究工作的 John Martinis 成功地制造出了低错误率的量子比特。以此为契机，世界范围内的量子计算机研发竞争进一步加速。刚才介绍的日本政府的举动，就是不想在开发竞争中输掉的表现之一。

谷歌将前文提到的由 Martinis 领导的研究小组分组引入，开始了量子计算机的开发项目。2018 年 3 月，该公司制造出 72 个量子比特的门模型量子计算机芯片（Bristlecone）。他们的开发速度和实力令人瞠目结舌。

他们实现的 72 个量子比特的读取错误率是 1%，单一量子比特操作的错误率是 0.1%，2 个量子比特操作的错误率是 0.6%。可以看出，现在已经生产出了非常优质的芯片。

5.3.5　量子计算机芯片展现的梦想

谷歌公司的 72 个量子比特芯片所展示的未来是怎样的呢？遗憾的是，还不确定它是否能立即改变未来的情况。首先我们来说明这个芯片的完成，到底意味着什么。

72 个量子比特芯片的最大目标是进行量子超越性实验，即证明量子计算机与现有计算机相比具有明显的计算优势。同时，另外一个研究重点是进行防止量子比特出错的纠错技术的研究。

前者带来了让世人知道量子计算机实力的重要结果，如果成功的话其影响是巨大的。量子计算机的开发竞争将会比以往更加激烈。关于后者，可以为"克服量子计算机最大的弱点——错误率高"做进一步的铺垫。

现在我们所使用的计算机也克服了这个错误，成为值得信赖的工具。我们即将迈出重要的一步，迎接量子计算机的未来。

有一个关键词叫"量子超越性"，这是近几年备受关注的关键词。这是完成的量子计算机用芯片的性能基准。例如，谷歌公司的理论团队提出的标准如下。

首先，在量子计算机的芯片上植入可以执行各种随机计算的电路，并记录得出的结果。与此相对，利用性能最高的传统计算机进行验证——如果正确地执行了这些不合理的计算，会发生什么事情呢（见图 5.11）？量子计算机需要再现性能最高的计算机所能准备的答案，并且对于超过这个规模的设定也能得出正确的结果，从而说明其具备超过现代最高水平的计算能力。这样就可以验证量子计算机是否超越了现有的计算机。面对量子计算机这个新手，前辈们提出了挑战。

图 5.11　量子计算机与传统计算机

也许有人会说，我并不是想要一台可以胡乱计算的计算机。这本身是没有意义的。所谓的胡乱计算，就是即便输入的条件和信息不是很严谨，计算机也能很好地进行计算。目前为止，我们可以确定的是，在逻辑清晰的科学技术计算等应用场合，量子计算机已经达到了足够的水准。然而，量子计算机在缺乏严谨数据和输入条件的领域，仍然不具备大展身手的能力。量子计算机的发展，还有很多短板需要加强。

而且，为了进一步进行实证实验，研究人员嵌入"可以胡乱计算"的"荒唐电路"，为了能够顺利计算，实验中也需要非常多的量子比特。除此之外，计算的复杂度也很大，必须相应地制作高水平的量子比特。由于目前的传统计算机也具有与其相当的性能，所以量子计算机必须超越的门槛也非常高。这些因素叠加在一起，对量子计算机提出了更为量化的发展指标——要求量子比特数量需要达到 49 个；要求该量子比特计算的次数（称为深度）必须在 40 次以上；要求同时操作两个量子比特时产生的错误率必须低于 0.5%。

上面我叙述了，谷歌公司的量子计算机芯片是怎么克服严苛条件，去验证量子超越性的。如果这一点得以实现，就意味着人类将进入一个时代。2018 年 11 月，NASA 的研究团队参与了对谷歌芯片输出数据的分析，事情终于有了进展。

> 今后，量子计算机的开发竞争将更加激烈。我们现在正处于那个时代的转折点。

5.3.6　有了量子计算机后的世界会是怎样的

量子超越性的基准确立后，长期以来，量子计算机的口号就是要超过 49 个量子比特。谷歌等公司通过制造 72 个量子比特的芯片实现了这一目标。而 IBM、英特尔等公司和谷歌一样，通过超导量子比特的方式，分别达到了 50 个量子比特和 49 个量子比特，逐步实现了这个目标。从 IBM 独立出来的风险企业 Rigetti Computing 公司也在奋起直追。顺便说一下，传统计算机厂商也不甘示弱，现在已经能够模拟 56 个量子比特的操作，对于量子计算机来说，难度进一步提高。

谷歌公司在向量子超越性发起挑战的同时，也在一如既往地探索着新的课题——如果计算机能够搭载量子计算机芯片的话，未来会怎么样？2019 年 1 月，IBM 发布了搭载 20 个量子比特的门模型量子计算机芯片的 IBM Q System One。量子计算机虽然离走进千家万户的时刻还有很长的路要走，但是量子计算机确确实实已经慢慢进入了一个大公司至少有一台的时代了。

遗憾的是，这些门模型量子计算机还没有纠错机制。因此，计算进行得越深入，错误就会越累积，就会离要求出的结果越来越远。因此，需要在计算次数有限的情况下发挥最大的性能。计算的意义在于

"问题"本身,如果次数受限,就只能想出更聪明的计算方法。但是,我们可以从不同的方向思考,摸索出一些意想不到的使用方法。其中一种方法是量子模拟,即模仿物质发生的事情。

物质本来就是由遵守量子力学的原子和分子构成的。也就是说,只要是遵守量子力学的计算机,就可以再现发生的事情。基于这样的想法,量子计算机最初被提出,因此被用于物质的量子模拟也是很自然的事情。

但是,目前采用门模型量子计算机只能进行有限的操作。因为稍微移动一下就会产生错误,所以要求移动的次数要少。向右移动、向左移动,这样的指令只能执行一点点。

那样的话,就在不费事的情况下,需要试着调整,看看动多少才能模仿得好。这是最大限度地利用现有量子计算机性能的巧妙方法(见图 5.12)。该方法是由量子计算机软件开发商 Qunasys 公司的日本

图 5.12　用量子计算机模仿物质

年轻工程师和研究人员提出的，现开始受到了世界的关注。这样一来，我们就可以知道现在的量子计算机能做什么，如果性能更强大的量子计算机问世会怎样呢？就这个问题，最近讨论很激烈。

5.4　下一阶段的工作

5.4.1　一起使用量子计算机吧

正如前文所述，量子计算机芯片在技术上取得成果之前，有必要考虑实际应用的场景。当然，世界各国都在努力完善量子计算机用的软件、中间件以及使用便利的环境。日本政府也充分理解这一点，将"创造量子计算基础"作为 2019 年的战略目标，主导软件开发，以作为活用量子计算机的基础。

量子计算机的落地有了稳固的基础之后，面向产业应用的研究开发就会进一步加速。日本庆应义塾大学设置了"最尖端量子计算机研究小组 IBM Q Network Hub"，该机构利用 IBM Q 的云进行研究开发。JSR 公司、三菱 UFJ 银行、瑞穗金融集团、三菱化工等也参与了该计划的研究开发。

同样，关于量子退火，为了建立研究开发的基础，开始了产学主导的活动。关于量子退火，D-Wave Systems 公司曾经进行过商用销售，包括我们在内的很多企业和研究机构也在进行独立的研究开发。

这不是梦，而是现实，量子退火机在现有的情况下会有怎样的应用案例呢？可以说，我们一直在进行实证研究。作为其成果，海啸等灾害时的避难系统自不必说，无人搬运车的工厂内有效的控制系统的提案，通过与多家企业的共同研究摸索新的使用方法也在前进。在这个意义上，我认为研发的基础是自然而然地建立起来的。但是，每个活动都有独立进行的部分。

"量子退火研究开发联盟"的构想是：将这些各自的动向集中起

来，作为促进最新技术交流的平台。它以推动企业、大学、研究机构中量子退火技术的普及、启蒙、产业利用为目的，聚集了众多企业和研究机构。日本电装、京瓷、ABEJA、NEC 解决方案创新等公司作为初期成员，为了实现上述目标展开了活动。联盟以日本东北大学为首，为了推进企业间的共同研究，将量子退火提高到可使用的水平而聚在一起开展活动。今后会不会通过不断积累研究成果，一起建立一个活用量子计算机的社会呢？

在这样的气氛下，大家应该也会渐渐萌生某种感情。量子退火正在逐渐被发现如此实用。作为对未来最后的布局，我们所需要的不是利用云，而是在日本设置量子退火机。

> 日本的研究水平并不差。让我们一起创造量子计算机的未来！

5.4.2 一切始于 2018 年的春天

量子退火机从 2011 年开始销售并得到广泛应用。目前只有 D-Wave Systems 公司在销售，美国的 IARPA QEO 计划在 2022 年之前制造出高性能的量子退火芯片，预计将有 50 个量子比特的产品面世。日本的 NEC 也以 2023 年完成为目标，开始了 50 个量子比特量子退火用芯片的开发。

但是，截至 2019 年 4 月，日本还没有安装最新的 D-Wave 2000Q 机器。因为不能买到，用户只能通过云使用。

如果可以使用云，那么使用时只要通过网络访问就可以了，这很方便，即使没有真机也没有问题。但是从日本利用量子退火机的情况下，日本和加拿大之间的通信时间有延迟。另外，D-Wave Systems 公司方面准备的服务器会对量子退火机的组合最优化问题的处理顺序和作业进行管理。工作等待时间平均为 3s。我想这里面有各种各样的考虑，比如为了不给机器增加负荷，需要等待时间，为了防止与其他用户的干扰，也要有留出空间等理由。因此，即使解决 1000 次组合最优化问题的计算过程在 100ms 左右完成，前后也需要几秒钟的等待时间。因为计算处理实际上已经停止，所以无法很好地利用量子退火机本身的处理速度。

在根据状况时时刻刻地变化设定问题的情况下，有必要反复利用量子退火机。因为等待时间会带来重大影响，所以实时处理能力会变得不稳定。就像我们正在开发的海啸等灾害时的避难路线提案系统一样，如果日本有量子退火机，就可以实现通信延迟和作业管理。这样就可以提高答题速度，瞬间将答案传递给用户。

顺便说一下，如果真的开始使用量子退火机的话，在一周的研究开发过程中，一口气使用 4 ～ 5h 的话，费用就已经是天文数字了。日本东北大学的一个学生因为一口气使用了几个小时，D-Wave Systems 公司的指导老师给他授予了"Quantum Heavy"的荣誉称号。量子退火机的一次计算还不到 1s。4h 已经可以计算很多次了。这样使用起来就很方便，越用越能得到各种各样的数据。但是，他们的收费方式是按使用时间收费的。虽然不能明确说出价格，但是如果使用几个小时的话，价格还是很高的。一个工程师笑着说，他一次科研活动使用了几个小时，负责人恐怕会吓出一身冷汗。如果研究需要使用的数量巨大，那么购买机器应该比使用云更合适。

此外，在以 NASA 为首的导入量子退火机的组织所报告的研究成果中，有一些特殊参数和设定是在云端无法进行的。而且，有信息显示 NASA 设置的机器的开工率为 90%，从某种意义上讲，他们应该进行了大量的研究并积累了大量的经验，而这些经验通过云端是无法获得的。

有没有拥有一台线下的机器，已经成为国家之间竞争的壁垒。如果不能跨越这堵墙，就无法看到未来。我强烈地感觉到——有一些探索，需要在拥有机器之后才可以进行，甚至，这里面可能藏着一个通往未来的大门。

事情要追溯到 2018 年的 QUBITS Europe 国际会议。在国际会议上，大众汽车公司做了一个非常有趣的发言。

"如果量子退火机与现有的计算机连接，能够无延迟地使用的话，这将是一项高速且有价值的技术。但是在使用云连接的过程中，就无法享受这一优惠了。"因为在使用云的过程中，除了计算之外，还要花费其他更多的时间。这是一个非常值得关注的事实，但在此我还注意到一件事。在量子退火的研究中，大众汽车公司是首屈一指的组织。即使取得了骄人的业绩，实际上也只是停留在云的使用上。当我了解到在研究成果方面展开竞争的对手，其实并没有实际的机器时，我意识到这或许是一个机会。

于是我们决定——"好，买量子退火机吧。"

回国后，我告诉了 T-QARD 的成员这个决定，并开始展开了行动。

5.4.3 为了邂逅美好的明天，我们将竭尽全力

在平成时代结束，令和时代来临的这一时期，我再次感受到，我们出生在一个真正的好时代。

我个人是 20 世纪 80 年代出生的。年轻的时候，看着社会上歌颂所谓泡沫经济的样子，在还不太懂事的时候，经济下行了，迎来了日本的冬天，日本进入了长时间的不景气状态。忍耐了就业冰河期，接下来的未来会是怎样的呢？我认为是抱着莫名的不安生活的一代。好不容易经历了各种各样的事情，到了一定年纪，接下来该做什么呢？是想做新事情的时候。

带着这样的想法放眼世界，随着科学技术的不断进步，计算机小型化，IT 技术的不断深入，人们的生活已经发生了翻天覆地的变化。有时候我会想：还有比这更大的变化吗？已经没有我们要做的事了吧。有时甚至会觉得自己可能错过了自己的时代。

但是量子计算机，全新的技术出现了。面对量子计算机，我首先是兴奋，心情当然很好，但最重要的是量子计算机还处于黎明期。所

以现在开始成为玩家还来得及。这个年纪还能遇到这种事，真的是人生一大乐事。

　　然后是利用量子计算机的场景。可以用于组合最优化问题和量子模拟等，也可以用于人工智能的基础技术机器学习。实际上，这些用途的意思是，重新接触以往的服务和系统中做不到的地方、困难的地方、回避的地方。组合最优化问题是指从数量庞大的组合中找出好的答案，这也可以说是随着计算机性能的提高，人们对组合最优化问题的要求越来越宽泛的结果。这些交给计算机就能完成吧？大量的实验表明，计算机计算复杂的组合最优化问题时花费的时间也是一个天文数字。但做不到的事情也没办法，只能逃避这个问题。量子模拟也是如此。原理是知道的——遵循量子力学来调查物质内部发生的事情。但是，它的复杂性将传统的计算机的计算能力远远地抛在了脑后。那就适当地偷懒吧。不过我很想知道，解决问题的真理在哪里——探求量子计算机的过程就是一个很好的例子。

　　对于我们之前在业务上遇到的困难，前辈们认为这个问题很难，还是放弃比较好，已经停止的课题，需要用新的方法重新进行讨论。这是 30～40 岁的我们最擅长的问题。知道很多问题的类型，听过很多前辈的失败经验。但是，我想以了解不被这种模式束缚的新方法的欢欣雀跃为原动力来工作。我觉得，不仅仅是年轻，我的经历同时也在发挥作用，所以，由于我所处的这个时代，由于我的年纪和履历，使得我正好可以在"量子计算机创造事业、创造产业"上发挥作用。

　　也许在这个基础上，未来的年轻人也能够以非常平和的心态去使用量子计算机，然后他们为"让下一个未来变得普通"而努力。

　　我们在这个时代应该做的思考是，未来会是怎样的形态？

　　简言之，我们在描绘未来的样子。

　　创造多姿多彩的未来，然后这个未来又可以连接过去和未来的未来。为此，请读者朋友们也想象一下让更多的人使用量子计算机的情景。因此希望更多的人在未来能够使用量子计算机。

为了美好的明天，我们要过好每一天。

附录

引进量子退火机

在 2018 年从 QUBITS Europe 回国的飞机上，我下定了购买量子退火机的决心。引进量子退火机需要多少费用呢？我与 D-Wave Systems 公司的朋友以及其他相关人员展开了讨论。如果引进量子退火机的话，设置地点在哪里会比较合适呢？为此该如何筹措费用呢？投入这么多费用有意义吗？从 2018 年春天开始，我们科研工作的紧迫性越来越强。就像刚才介绍的那样，随着使用水平的不断提高，使用云计算的费用也在不断增加，甚至达到了买云服务比买机器更贵的程度。日本的大学单独的预算和政府的补助金是不够用来引进量子退火机的。于是以使用者为中心，呼吁民间企业和研究机构的支援。从这一趋势出发，我们提出了"量子退火研究开发联盟"的构想。

前面提到的企业是为了在日本安装量子退火机而聚集在一起的伙伴。他们是我重要的伙伴，有着超乎寻常的觉悟，对研究开发做出了贡献，对未来充满了挑战的欲望。为了支持这些同事的研究开发，为了不局限在大学的范围内进行大胆的活动，我想自己必须站起来。在 Sparks 资产管理公司的支持下，我们创立了来自日本东北大学的风险企业 Sigma。因为我认为不仅是资金的确保，人才的确保也是最重要的课题。要保证迄今为止积累的研究成果的质量和数量，光靠我们研究人员是不够的。我认为有必要和更多人员联合起来组织活动。

我认为，通过将这些活动的成果和经验回馈给大学，可以将其进化为迄今为止从未有过的教育、研究机构，所以我没有放弃大学教师的工作，同时成立了这家公司。想要支持日本的量子退火研究的基础性工作。

我和同事们一起准备引进新型量子退火机（暂称）D-Wave Pegasus，如图 5.13 所示。遗憾的是，随着开发的延迟，发售的延期，2019 年度内的引进成功的目标也没能实现，但这也是没办法的事。

　　取而代之的是，我们打算在整个日本产业界建立完善的引进新型量子退火机的体制。因此，我们决定把目标改为，确保在加拿大设置的 D-Wave 2000Q 的云端使用名额，以便能够自由地进行研究开发。

　　联盟的初期成员们很早就感受到了量子退火的可能性，因此我们将充分利用这种占有充裕机器时间的优势，自己进行研究开发。由我们日本东北大学 T-QARD 以及 Sigma 成员提供支持。我们还在招募想要一起挑战的伙伴。希望大家一定要一起来！在未来，我们可以抓住这个绝好的机会。

图 5.13　日本首次设置量子退火机签约

大关："怎么样呢？量子计算机描绘的未来。各位读者是否也感受到了我们所感受到的悸动呢？"

寺部："这么多的企业都开始考虑未来了，如果现场的那种热烈感能传达给大家，我会很高兴的。"

大关："对了，寺部，写第一本书的工作怎么样？还是很辛苦吗？"

寺部："是啊，非常非常非常兴奋。因为很少有面向社会写这么多的文章，所以一开始很困惑。但是，一想象这本书完成时的场景，就充满了期待，越写越开心。"

大关："第一次的事情果然还是很兴奋的吧。虽然也会有各种各样的不安，但是还是觉得把事情做完才是最重要的。量子退火的研究也是，刚开始做的时候，我曾经问过指导老师西森老师这样做是为了什么。那时我根本没想到会有量子退火机，也没想到现在运行它已经很平常了。"

寺部："大关老师也是这样吗？我很惊讶。"

大关："是啊，因为我的毕业论文是量子计算机的门模型发展中不可缺少的纠错码理论。而且博士论文就是对这些问题进行更深入的研究，思考理论上的错误到什么程度才能纠正的精密计算方法，仔细一想，我一直在量子计算机这一领域工作。技术的发展会推动世界的改变，汽车行业也同样，看到的风景也在不断改变吧？"

寺部："是啊。一直以来被认为进化比较缓慢的汽车行业，随着与IT行业等不同领域融合的部分增加，感觉进化的速度一下子变快了。在汽车上安装人工智能，与互联网相连，用于服务的时代的到来，真是令人惊讶。从现在开始 10 年以后，可能会有无法想象的未来在等着我们。"

大关："我们正处在这样一个时代的转折点上。光是这样就很让人高兴了。"

寺部："这是一个很大的机会。"

大关："在写这本书的时候，和很多人见面交谈，学到了很多东西，大家都在展望未来，有一种朝着未来世界靠近的神秘力量。"

寺部："我们在聊天的过程中聊得很投机。我觉得如果能更好地发挥量子计算机的作用，未来很可能被改变。"

大关："因为书有截止日期，所以在这里暂时告一段落，但是我们一定还有很多后续的研究工作。"

寺部："在写这本书的过程中，也有很多有兴趣的企业前来参加会议。我们也了解到，在量子计算机方面已经开始采取行动的企业数量是本书所记载企业数量的好几倍。"

大关："我们也要不断积累研究成果，一起打开未来的大门。"

寺部："让我们一起创造令世人震惊的未来吧！"

我们最开始听到"量子计算机"，应该是刚进大学的时候。当时应该是刚进入 2000 年，只知道量子计算机好像具有很厉害的计算能力。当时有很多人有一个疑问——量子计算机什么时候可以呈现在大家眼前呢？当时的回答是"50 年后"。再后来，有一位研究量子计算机的理论物理学老师，在发表研究结果演讲时，听众提出了同样的问题，那位老师回答说："30 年后。"

博士毕业后不久，我接到了一个"可疑"的通知，D-Wave Systems 公司制造出了量子退火芯片的样机，可以解决基于量子比特的组合最优化问题。当时我觉得非常兴奋。几十年后的量子计算机原型机终于问世了。现在回想起来，那个时间点应该就是时代变迁的开始。

就我个人而言，博士毕业后，我被日本政府安排进行量子计算机基础研究的项目，开始了量子退火的研究。周围的老师们正在进行实现量子计算机的要素技术的研究。我还记得我曾经问推进量子退火研究的西森老师："研究量子退火有什么用？这个领域本身就很难，解决起来要花很长时间。"老师只是安慰说:"别这么说。"

在谁都有可能放弃的地方坚持下去,才能体会到成功的瞬间欣喜。没有比这更棒的体验了。在开始研究量子退火之后,就像寻找利用量子退火的地方一样,学习了信息科学领域、机器学习和数据科学等现代技术,然后迎来了量子退火机销售的时代。将现代技术和未来技术结合起来,打开通往未来之门的场景,真是人生一大乐事。

一方面,量子计算机领域之所以非常有趣,是因为它能制造出世界上没有人创造出来的东西,这本身就很有魅力。利用这些东西的体验也很有价值,而且为了深入研究量子计算机的应用案例,我们还做了很多工作。我认为这是一个非常好的,而且可以和业界各种各样的人才一起交流的舞台。如果没有量子计算机领域的研究工作,我想我和寺部的生活很可能没有交集。

另一方面,量子计算机领域的研究真的是一块硬骨头,大部分时候,我们的工作很可能没有任何进展。后来,我深入思考了我们研究的根本目的是什么,于是找到了第一个方向——利用量子退火解决工厂内无人搬运车的优化问题。而这个优化问题的研究可以说是我和寺部的相遇带来的奇迹。现在这个应用已经变得理所当然,回过头来看,我们一起激发出这个想法的那一刻依然回味无穷,像极了新老景色切换时那最美好的一瞬间。

在写这本书的过程中,世界上也诞生了很多量子计算机的新应用场景,很多公司或机构发表了进一步提升量子计算机性能的关键技术,不断推进世界向未来迈进。为了不错过后面更多的美好瞬间,读者朋友们也一起加入进来吧,让我们一起去探索未来的世界。基于这样的想法,我写了这本书,希望能聚集更多的朋友。梦想着与未曾谋面的你相遇的那一天。

2019 年 6 月

大关真之